PHÄNNO, ELLO UND CO.

Phänomen, Granit, Garant, Robur 1949-1990

Frank Rönicke

Motor
buch
Verlag

Impressum

Einbandgestaltung: Ralf Weinreich

Abbildungen:
Archiv Frank Rönicke, Archiv Jens Zenker, Rennsportarchiv Jordan, Ralf Christian Kunkel, Ralf Weinreich

ISBN: 978-3-613-04493-7

1. Auflage 2022

Sie finden uns im Internet unter www.motorbuch-verlag.de

Innengestaltung: ERWE-WERBUNG, Ralf Weinreich
Druck und Bindung: Printed by GPS
Printed in Bosnia-Herzegovina

Inhalt

Foto: Ralf Weinreich

Vorwort

1975 trat ich eine Lehre als Elektriker in einem Elektrobetrieb meiner Heimatstadt an. Der war gerade von einer PGH (Produktionsgenossenschaft des Handwerks) in einen VEB (Volkseigener Betrieb umgewandelt worden. Die Staatsmacht, mit Erich Honecker an der Spitze, wollte so viel Kontrolle wie nur möglich über die gesamte Wirtschaft der DDR ausüben.

Zum Fuhrpark der Firma gehörte unter anderem ein »Framo«, der eigentlich ein Barkas V 901/2 war und ein »Phänno«, eigentlich ein Robur Garant 30 K. Die ursprünglichen, jahrzehntealten Firmennamen waren trotz sozialistischer Umbenennung nicht so einfach aus den Köpfen der Menschen zu verbannen. Der »Phänno« hatte sein erstes Arbeitsleben schon hinter sich, war aber dank der Initiative der PGH-Leute und ihrer Tauschgeschäfte samt Anhänger neu aufgebaut und in klassischer blau-weißer Lackierung ins zweite Leben gerufen worden. Ich durfte unseren Lagerleiter bei einigen Materialeinkaufsfahrten in die Bezirksstädte Halle und Leipzig begleiten. Für den Jungen vom Dorf war das Abenteuer pur, sozusagen auf Weltreise mit dem »Phänno«!

Im Herbst 1977 ging es dann zur NVA (Nationale Volksarmee), 18 Monate Grundwehrdienst. Im Führungszug einer Artillerie-Abteilung sollte ich ein Funkmess-Aufklärungsgerät sowjetischer Bauart bedienen. Das war glücklicherweise nahezu immer defekt und zu Reparaturzwecken nach Moskau versandt. Wie viel später herauskam war die Strahlung dieses Gerätes äußerst gefährlich und für viele Krebserkrankungen ehemaliger Soldaten verantwortlich.

Ohne Funkmessgerät praktisch beschäftigungslos, wurde ich bei Truppenübungen außerhalb der Kaserne als Offiziersordonanz im Führungsstab eingesetzt. Auf einem Robur LO 2500 Stabskoffer, auch »Schmetterling« genannt. Aus dem »Phänno« war also inzwischen ein »Ello« geworden, was er bis heute geblieben ist – egal ob mit Otto- (LO) oder Diesel- (LD) Motor.

Anfang der 1980er Jahre gab es dann einmal einen Brigadeausflug des VEB in dem meine Frau arbeitete. Mit Anhang und mit einem Robur LO 2500 Reisebus, an den ich keine besonderen Erinnerungen mehr habe. Es war damals immer noch zu sehr Normalität.

Damit wären meine Begegnungen mit den kleinen Zittauer Lastern beinahe vorbei gewesen. Wenn sich nicht mein Bruder im letzten Herbst einen Robur LD 3000 mit Kofferaufbau gekauft hätte, der zum Wohnmobil umgebaut werden soll und aus dem der Autor hier freundlich grüßt...

Frank Rönicke

Die Phänomen Geschichte bis 1945

Die Geschichte der Marke Phänomen aus Zittau beginnt bei Karl Gustav Hiller, einem Erfinder und Techniker aus Leidenschaft und seiner Textilfabrik. Hiller (1863-1913) konstruierte unter anderem eine »Bällchen-Heft- und Schneidemaschine«, eine mechanischen Fertigungsanlage für Posamente (Borten, Fransen und Bommeln, sogenannte Fadenbällchen) und investierte den Gewinn daraus 1894 in die Übernahme des Hochrad-Herstellers Müller & Preußger. Mit den englischen Rover-Werken schloss Hiller einen Vertrag über den Alleinvertrieb der modernen Rover-Niederräder mit Kettenantrieb und Luftbereifung in Deutschland und die Lizenzfertigung von Teilen ab. Für seine eigenen Lager warb er mit dem Slogan »phänomenal leichtgängig« und kam so auf die Markenbezeichnung »Phänomen-Rover«.

1899/1900 liefen in dem jetzt »Phänomen-Fahrradwerke Gustav Hiller« genannten Betrieb, der 200 Beschäftigte zählte, erste Versuche mit einem Motorrad, die 1903 zum Serienbau führten. Ab 1905 stellte der Betrieb eigene Motoren her und schuf damit den Ausgangspunkt für die Zittauer Grundlagenarbeiten zur Luftkühlung.

1907 wechselten zwei Konstrukteure der Konkurrenzfirma Cyklon zu Phänomen. 1904 war dort das »Cyklonette«-Dreirad mit einem Einzylinder-Motor über dem vorderen Einzelrad erschienen. Bei Phänomen wurde das Konzept durch patentierte Verbesserungen ergänzt. Das »Phänomobil« mit Zweizylinder-Motor war als Dreirad-Kleinautomobil unterhalb »richtiger« Personenwagen angesiedelt. Die »Knüppelrenner« wurden in mehreren Varianten angeboten. Zwar galten sie als wendig, einfach zu bedienen und wirtschaftlich, aber auch als recht kippelig.

1910 erschien eine Weiterentwicklung mit Vierzylindermotor und im gleichen Jahr debütierte das erste vierrädrige Phänomobil, der Typ 8/18 PS, dem die Typen 10/30 PS und 16/45 PS folgten. Hier setzte das Werk auf Wasserkühlung. Gleichzeitig stellte man aus Kapazitätsgründen die Motorradfertigung ein. Im Ersten Weltkrieg wurde die Produktion mit 900 Beschäftigten hauptsächlich auf Munitionsteile und Handgranaten umgestellt. Den Fahrradbau musste man wegen Materialmangels einstellen. 1917 wurde das Unternehmen in eine Aktiengesellschaft umgewandelt.

Nach dem Ersten Weltkrieg fehlte es einerseits an Material, andererseits überschwemmten ehemalige

Textilfabrikant Karl Gustav Hiller begründete 1894 den Fahrzeugbau der Phänomen-Werke in Zittau.

Heeresfahrzeuge den Markt. Im April 1919 brannte das Hauptgebäude mit dem Zweirad- und Motorenbau ab; übrig blieb die Kraftfahrzeugfertigung. Doch 1920 wurden vorläufig auch die letzten PKW ausgeliefert.

In dieser schwierigen Zeit fand das Werk für die Phänomobile einen zuverlässigen Abnehmer in der Reichsport. 1921 wurde Dipl.-Ing. Rudolf Hiller, der Sohn des Gründers, Technischer Leiter der Zittauer Firma. Mit beginnender Inflation setzte die Flucht in Sachwerte ein. Das Werk bot hier etwas Besonderes und nahm die Serienfertigung des formschönen PKW Typ 412 12/50 PS mit Königswellenmotor auf. Nach zehnjähriger Unterbrechung wurden im Jahre 1924 auch wieder Fahrräder hergestellt. Das Phänomen-Werk war jetzt in zwei Abteilungen untergliedert, den Fahrrad- und den Phänomobil- bzw. Automobilbau. Der Fahrradbau arbeitete von Januar bis Juni, der Automobilbau von Juli bis Dezember.

Bald war offenkundig, dass man mit dem Phänomobil eine zwar originelle, doch inzwischen veraltete Baureihe und mit dem PKW ein glückloses Modell

Die Phänomobile waren von Anfang an für den reinen Personentransport, aber auch als leichte Lieferwagen zu haben.

Einer der letzten: Der Phänomobil 4-Zylinder-Roadster von 1921.

im Programm hatte. Die mit dem aufwändigen Königswellen-Auto anvisierte Käuferschicht mochte nämlich kein Dreirad-Fabrikat fahren. So wechselte man vom Hauptprodukt Fahrrad zum Hauptprodukt Leicht-LKW. Konstrukteur des neuen Fahrzeuges war Dr. Alfred Haesner. Der Motor des 4 RL baute auf dem Triebwerk des Phänomobils auf, die Kühlung übernahm nun aber ein Gebläse, das direkt von der Kurbelwelle angetrieben wurde. Unter der Bezeichnung »Pressluftkühlung« fand man damit das neue Erkennungszeichen der Marke. Neben Fahrzeugen für die Post entstand eine beachtliche Zahl von Krankenwagen – eine weitere Spezialität, der das Werk über Jahrzehnte treu bleiben sollte. Um 1928 entwickelte man auch wieder motorisierte Zweiräder. Mit der krisensicheren Reichspost als Großabnehmer überstand das Werk die Weltwirtschaftskrise. Überdies tauschten die Zittauer 20 Prozent ihrer Aktien mit dem Konkurrenten Hanomag. Als wirtschaftliches und robustes Fahrzeug wurde der 4 RL ein Verkaufserfolg.

Die Weiterentwicklung war 1931 der 1,5-Tonner Granit 25 mit 40 PS, wiederum eine Konstruktion Dr. Haesners. Die Zahl stand künftig für den Hubraum in Dezilitern. Der Erfolg der Schnelllastwagen führte zu einer Werksvergrößerung. Mit dem 2,5-Tonner Granit 30 mit 56 PS, hydraulischer Bremsanlage und Allradantrieb ab Werk wurde Phänomen 1934 endgültig zum LKW-Hersteller. 1934/35 entstanden daneben einige Granit 25 als Kübelwagen für Reichswehr bzw. Wehrmacht. Mit dem Produktionszweig Stationärmotoren begründete das Werk eine weitere Tradition.

1936 wurde der Granit 25 formal dem Granit 30 angeglichen. Ganz eigenständige Aufbauten entstanden bei der Nowack AG. Ende der 1930er

Phänomen gehörte zu den Pionieren im Motorradbau. Im Bild das Zweizylinder-Modell mit 988 ccm von 1905. Getriebe, Kupplung und Bremse befinden sich in der Hinterachse. (Foto: Sam Gamdschie/Wikipedia)

Das Phänomen-Modell 2 von 1908 leistete ca. 6 PS. Seit 1905 baute Phänomen eigene Ein- und Zweizylindermotoren für seine Motorräder. (Foto: Christian Bremer)

Mit dem ab 1927 gebauten Typ Phänomen 4 RL begann in Zittau eine neue Ära im Nutzfahrzeugbau.⇨

PHÄNOMEN
Der Lieferwagen,
der keiner Pflege
bedarf!
PHÄNOMEN-WERKE
GUSTAV HILLER A.G. ZITTAU

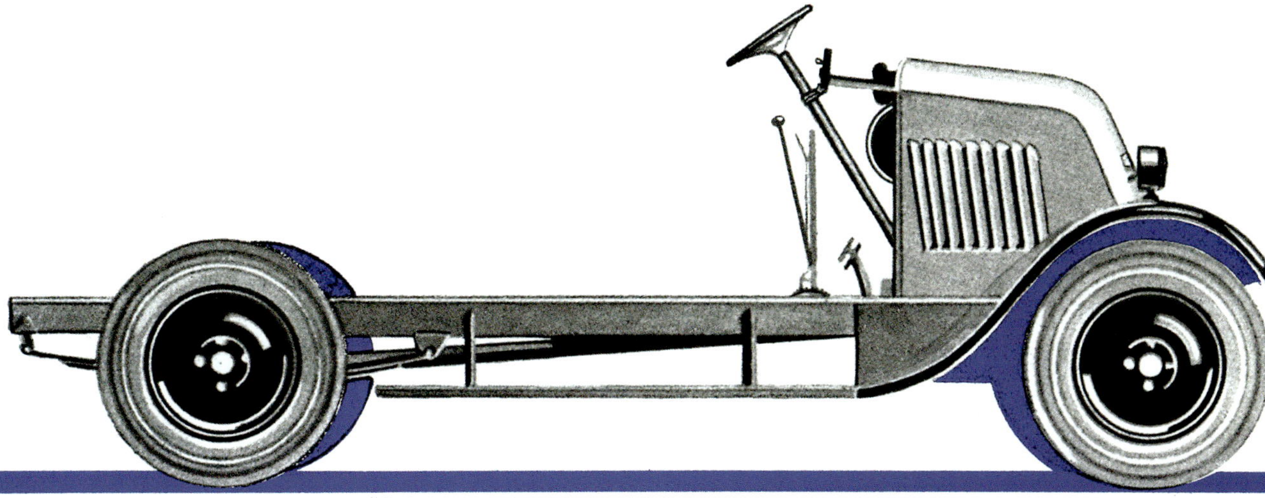

FAHRGESTELL ZUM PHÄNOMEN-LIEFERWAGEN „TYPE 4 RL" MIT PRESSLUFTKÜHLUNG

Zur Ausrüstung des **Fahrgestells** gehören:
Motorhaube, Spritzwand, Armaturenbrett mit sämtlichen Armaturen, vordere Kotflügel, Trittbretter mit Aluminiumbelag.

Das Zubehör zu **sämtlichen Typen** (auch bei dem Fahrgestell) umfaßt:

Vollständige Licht- und Anlasser-Anlage, 2 Scheinwerfer mit Bilux-Abblendung auf den vorderen Kotflügeln, hintere Nummernbeleuchtung und Batterie.

Elektrisches Signalhorn mit Rufring auf dem Handrad.

Pneumatische Brennstoffuhr, Zeituhr, Öldruckmesser und Tachometer auf dem Armaturenbrett.

Sehr reichhaltiges Werkzeug und Zubehör,

Reserverad und fünffache Niederdruck-Stahlseil-Bereifung 28×5.25 für Tiefbettfelge bester deutscher Qualität.

Zur Ausrüstung der **kompletten Fahrzeuge** gehören außerdem noch:
Doppelseitiger Richtungsanzeiger, Handscheibenwischer und Rückblickspiegel.

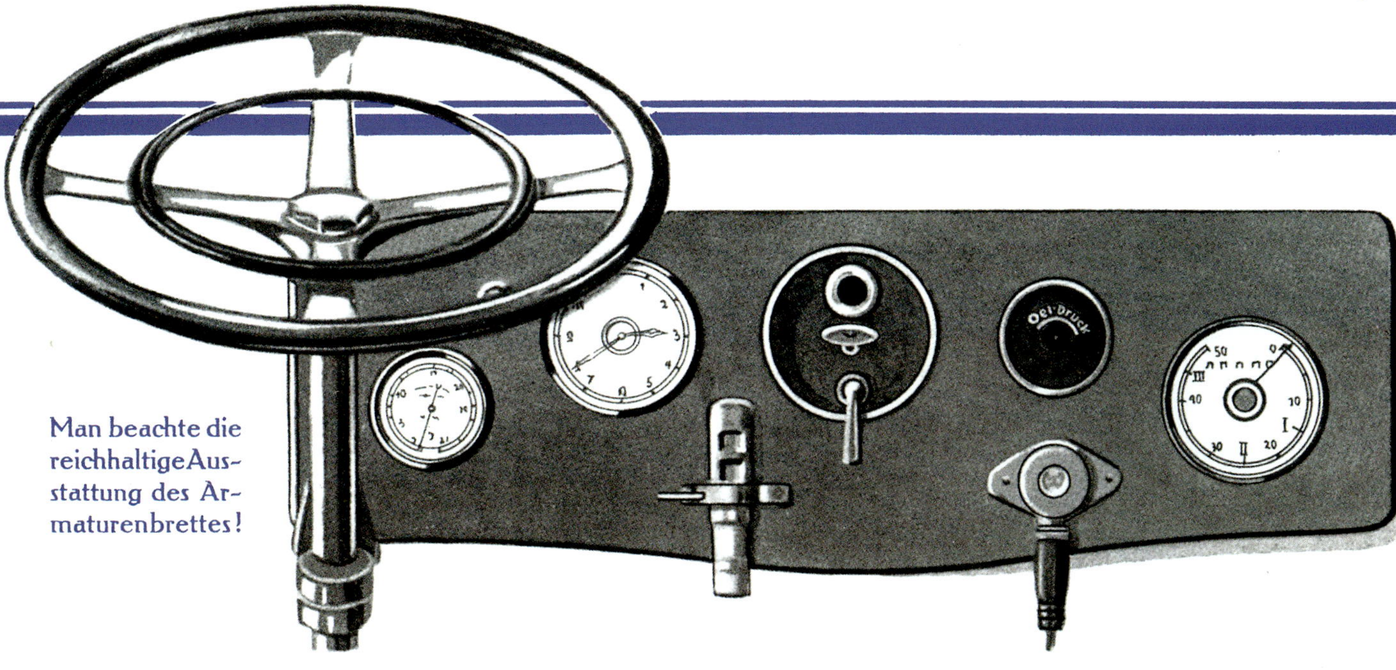

Man beachte die reichhaltige Ausstattung des Armaturenbrettes!

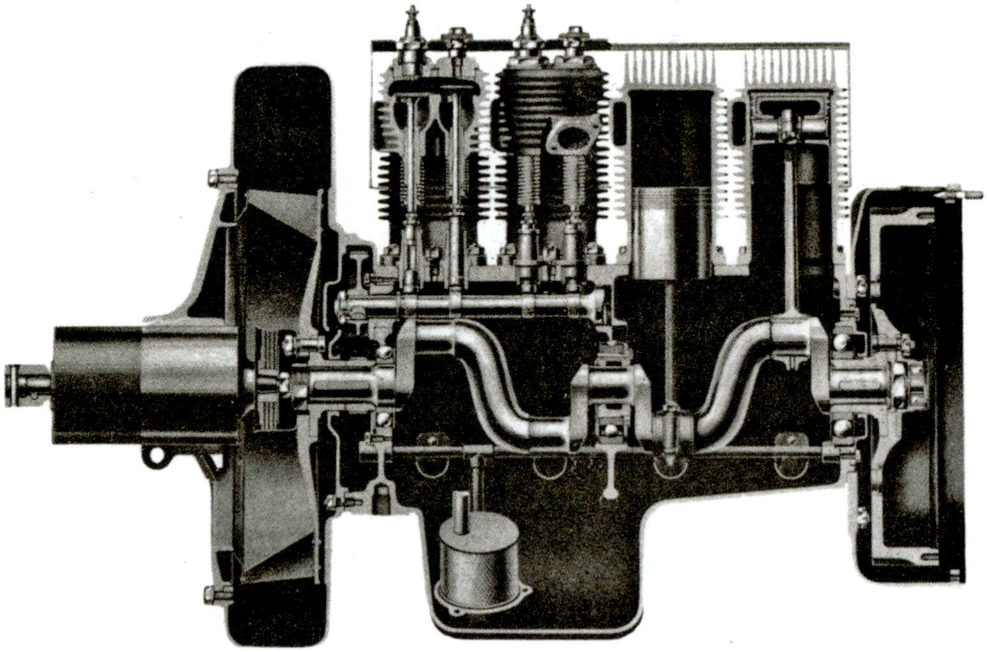

DIE WESENTLICHSTEN KONSTRUKTIONS-MERKMALE DES PHÄNOMEN-LIEFERWAGENS „TYPE 4RL"

MOTOR

Vierzylinder, 74 mm Bohrung, 90 mm Hub, Zylinder-Inhalt 1548 ccm, Drehzahl normal: 1800/min, maximal: 2200/min, d. h. ein Langsamläufer von größter Lebensdauer.

Ventile. Seitlich stehend, zwangsläufig gesteuert.

Kurbelwelle. Auf großdimensionierten Kugellagern dreifach gelagert, d. h. Lagerdefekte bei größter Kälte und bei größter Hitze ausgeschlossen. Es ist die unverwüstliche Lagerung für den luftgekühlten Nutzwagenmotor.

Schmierung. Automatische Tauchölung mit Zahnradpumpe, d. h. zuverlässige Schmierung, die auch bei größter Kälte sofort einsetzt.

Zündung. Vollautomatische Batteriezündung, d. h. stärkste Funken bei jeder Umdrehungszahl, gleichmäßiger Maschinengang, höchster Anzug, kein Verölen der Zündkerzen.

Vergaser. Vollautomatischer Eindüsen-Vergaser mit Anlaß-Vorrichtung und Luftfilter.

Kühlung. Durch Spezial-Preßluftgebläse, das den Luftstrom gleichmäßig auf alle vier einzelnstehende Rippenzylinder verteilt und den Motor vollkommen unabhängig von Hitze oder Frost macht.

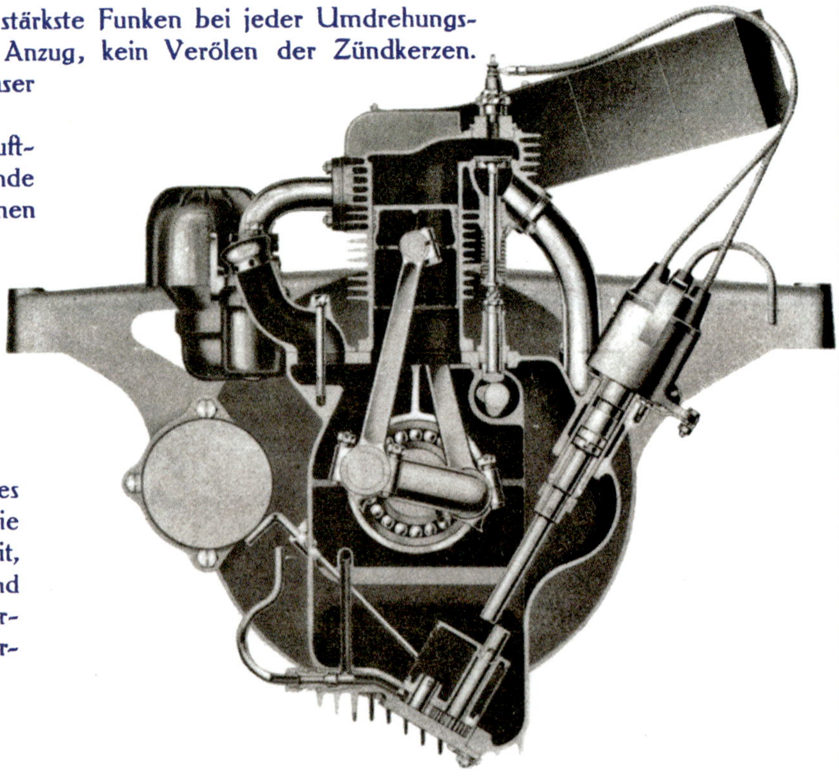

Die Anwendung der

Preßluftkühlung

wird als ein Markstein in der Entwicklung des Motorenbaues gewertet werden. Nur durch sie erreicht der Motor die beispiellose Robustheit, die völlige Unempfindlichkeit gegen Frost und Hitze, die Fähigkeit zu wirtschaftlichster Dauerleistung, wie sie **Phänomen Type 4 RL** so vorbildlich aufzuweisen hat!

Jahre produzierten rund 3000 Beschäftigte jährlich etwa 1000 Fahrzeuge. 1939 löste der Granit 27 den Granit 25 ab. Der 1,5-Tonner entsprach dem Schell-Plan, dazu gab es die Allrad-Variante 27 A, in welche die Grundbaureihe unproblematisch umgerüstet werden konnte. Ende 1941 ersetzten Granit 1500 S (Standardausführung) und 1500 A alle bisherigen Baureihen. Der sorgfältig durchgestaltete Fahrzeugbug hätte auch einem PKW gestanden, das Fahrzeug wurde aber zumeist als Sanitätskraftwagen an die Wehrmacht geliefert. Für den zivilen Einsatz mit verschiedenen Aufbauten lieferte das Werk statt der üblichen Holzgas-Anlage eine Treibgas-Ausführung.

Albert Speer, damals Reichsminister für Bewaffnung und Munition, veranlasste die Dezentralisierung der Flugzeugproduktion. Auf seine Anordnung wurde in Zittau 1943 der Fahrrad- und Leichtmotorradbau für die Herstellung von Abwurfkabinen und Armaturenbrettern für die Jagdflugzeuge Messerschmidt Me 109 und Focke-Wulf Fw 190 umstrukturiert.

Die Materialknappheit führte ab Ende 1944 zu hölzernen Einheitsfahrerhäusern; man verzichtete auf hintere Kotflügel und Aufstiegstritte. In die Kriegsproduktion, die bis zum 8. Mai 1945 lief, wurden etwa 500 Zwangsarbeiter und sowjetische Kriegsgefangene, aber auch viele Frauen eingespannt. Vor der Einnahme durch die Rote Armee verließen noch 20 Lastwagen das Werk. Die Konstruktionsunterlagen für den Granit 1500 fielen im Krieg der Vernichtung anheim.

Der Motor der 4 RL-Typen war mit einem von der Kurbelwelle angetriebenen Gebläse ausgestattet, das bei Phänomen als »Pressluftkühlung« in die Geschichte einging.

Neben dem Pritschenmodell Type 4 RL/P (vorangegangenes Bild) gab es den geschlossenen Lieferwagen Type 4 RL/K mit Stabholzaufbau…

…und den Pick-Up Type 4 RL/M, wobei das M hier für Mulde stand.

Wunderschöne Aquarellzeichnungen von Straßenszenen Ende der 1920er Jahre aus einem Phänomen-Prospekt.

Reichsmark 100.–

Phänomen-Werke Gustav Hiller Aktiengesellschaft
ZITTAU.

100 Reichsmark AKTIE Nr. 2433

ÜBER

EINHUNDERT REICHSMARK

Der Inhaber dieser Aktie ist für den Betrag von EINHUNDERT REICHSMARK bei der Phänomen-Werke Gustav Hiller Aktiengesellschaft als Aktionär mit allen satzungsmäßigen Rechten und Pflichten beteiligt.

ZITTAU, im Juni 1929.

Phänomen-Werke Gustav Hiller Aktiengesellschaft

Der Aufsichtsrat Der Vorstand

Eingetragen in das Aktienbuch Seite

Der Kontrollbeamte:

Gesetzlich geschützt.

Hannover, J. C. König & Ebhardt, Typ. Inst.

In den 1920er Jahren ging Phänomen einen Aktienhandel mit Hanomag ein, was beiden Firmen durch die Wirtschaftskrise half.

Der Erfolg der Nutzfahrzeugsparte bei Phänomen machte eine ständige Erweiterung der Werksanlagen notwendig. Eine Aufnahme aus den 1930er Jahren.

Phänomen Granit 25 Kastenwagen und Granit 25 Pritschwagen mit Plane und Spriegel.

Neben der Post war auch das Deutsche Rote Kreuz ein zuverlässiger Partner der Phänomen-Werke.

Der Phänomen Granit 30 konnte 2,5 Tonnen laden, mit denen der 56 PS starke, luftgekühlte Vierzylindermotor keine Mühe hatte.

Der Granit 25 Kastenwagen mit der seit 1936 eingesetzten neuen Bugverkleidung.

Der Phänomen Granit 25 H, hier mit Wehrmachts-Heer-Kennzeichen, wurde bei der Wehrmacht als Kfz. 31 geführt.

Museumsstück: Phänomen 1500 S in der einfachen Pritschenversion.

Meisterstück: Bestens restaurierter Phänomen Granit 25. (Foto: Ralf Weinreich)⇨

WAK PH 4 H

Phänomen-Fahrzeuge ab 1949

Das Phänomen-Werk war im Kriege zu etwa 30 Prozent zerstört worden. Die verschont gebliebenen Einrichtungen wurden bis Mitte Juli 1945 nahezu vollständig demontiert. 50 verbliebene Beschäftigte erreichten immerhin, dass die Werksanlagen anschließend nicht eingeebnet wurden. So konnten im Sommer 1945 Ladeneinrichtungen und Fahrräder repariert, Rodelschlitten, Ölmühlen, Tabakschneidemaschinen, Küchenwaagen, Kaffeeröster, Schubkarren, Särge und Möbel angefertigt werden. Im September 1945 erhielten die mittlerweile rund 150 Beschäftigten von der Roten Armee den Auftrag, im Rahmen eines »Generalreparaturplans« mehr als 1000 LKW für die Verbündeten der Sowjetunion instand zu setzen. Diese Arbeit sicherte zunächst den Betriebsbestand.

(Foto: Ralf Weinreich)

Auf der Leipziger Frühjahrsmesse 1948 stellte Phänomen einen neu aufgebauten 1500 S als Granit 27 aus und verteilte erste Prospekte von dem Fahrzeug.

Schon 1948 wurde das Phänomen-Werk dem DDR-Fahrzeugbauer-Verband IFA zugeordnet.

Ein Volkseigener Betrieb entsteht

Unter schwierigen Bedingungen wurden Anlagen, Ausrüstung und Maschinen – sofern noch vorhanden – nach und nach instandgesetzt oder aus nicht demontierten Betrieben ergänzt. Die eigentliche Bewährungsprobe bestand darin, als Reparationsleistung 1000 Stationärmotoren herzustellen. Hierfür entstand wieder ein Entwicklungsbereich mit Konstruktion, Versuch und Musterbau. Gleichzeitig wurde der »Wehrwirtschaftsbetrieb« Gustav Hiller AG enteignet. Als zukünftiges Karosseriewerk wurde das ebenfalls enteignete Karosseriewerk August Nowack AG, Bautzen, dem VEB Phänomen Zittau als Werk 3 eingegliedert.

Die Firma Nowack war bereits 1863 gegründet worden. In den 1920er Jahren hatte man hier mit etwa 500 Beschäftigten täglich bis zu 30 Karosserien gebaut, schon damals hauptsächlich für Phänomen. In Zittau und Bautzen führten die 350 Arbeiter zunächst Reparaturaufträge für Braunkohlegruben und die Post durch.

1948 wurde das Werk in die IFA und damit in die zentral gelenkte Fahrzeugindustrie der Sowjetischen Besatzungszone eingegliedert. Das relativ kleine Werk, das bisher ohne Anlehnung an einen Konzern überdauert hatte, fand sich plötzlich in einer Schlüsselposition wieder. Der Verlust der Konstruktionsunterlagen machte eine teilweise Neukonstruktion der Granit-Baureihe nötig, und der »Kalte Krieg« den Nachbau von Fahrzeugteilen, da wichtige Zulieferer nun in den Westzonen Deutschlands lagen.

In der Frühphase der Granit 27-Fertigung wurde noch die Frontverkleidung des 1500 S verbaut.

Zu den ersten Phänomen-Nachkriegsfahrzeugen gehörten Mannschaftswagen für die Volkspolizei. Ab 1950 mit der neuen Frontpartie. (Foto: Ralf Weinreich)

Hanomag L 28.

Ford FK 1000. (Fotos: Ralf Weinreich)

Phänomen und Hanomag

Dr.-Ing. Rudolf Hiller (1894-1972), der mit seiner Familie bei der Hannoverschen Maschinenbau AG (Hanomag) untergekommen war, reagierte auf die Enteignung seines Unternehmens mit der Eintragung der »Phänomen-Werke G. Hiller AG« in das Hamburger Handelsregister. Dieser Eintragung folgte aber keine Geschäftstätigkeit, vielmehr versammelte Hiller einige Phänomen-Ingenieure um sich und trat 1950 als Technischer Direktor in den Vorstand der Hanomag ein. Mit dem Schnelllaster Hanomag L 28 und dessen Nachfolgern landete er im Nachkriegs-Westdeutschland einen großen Erfolg. Dr. Alfred Haesner, Konstrukteur der »pressluftgekühlten« Nutzfahrzeuge, war zu VW gegangen, wo er den weltberühmten Transporter entwickelte. Anschließend entwarf er für Ford in Köln den FK 1000.

Der Granit 27

Zwar stellte Phänomen schon zur Leipziger Frühjahrsmesse 1948 einen neuen 1,5-Tonner 1500 S als Granit 27 aus, doch war an einen Serienbau noch nicht zu denken. Weiterhin wurden haupt-

Der Granit 27 VF/Pr mit offener Pritsche (Plane und Spriegel waren optional erhältlich) in einem Prospekt vom Frühjahr 1951. Mit der Zwillingsbereifung hinten konnten zwei Tonnen aufgeladen werden.

Der Granit 27 Kastenwagen hatte serienmäßig hinten auch die Zwillingsbereifung, in der hier gezeigten Sonderanfertigung war aber auch die Einfachbereifung möglich.

sächlich Beutefahrzeuge repariert und Ersatzteile hergestellt. Nicht anders verhielt es sich mit dem Vierzylinder-Stationärmotor, der Ende 1948 vorgestellt wurde. Werksangehörige erzählten, dass man ein Vorführexemplar aus geborgenen Motorteilen montiert und trotz fehlender Innenteile als funktionsfähig ausgestellt hatte.

Ende 1949 konnte der Fahrzeugbau unter dem Namen IFA Phänomen in bescheidenem Rahmen wieder aufgenommen werden – zunächst mit noch vorhandenen Ersatzteilen. Zum Jahresende 1949 entstanden in Bautzen 16 Polizei-Mannschaftswagen. In der Folgezeit spezialisierte man sich dort auf die Fahrzeug-Endmontage.

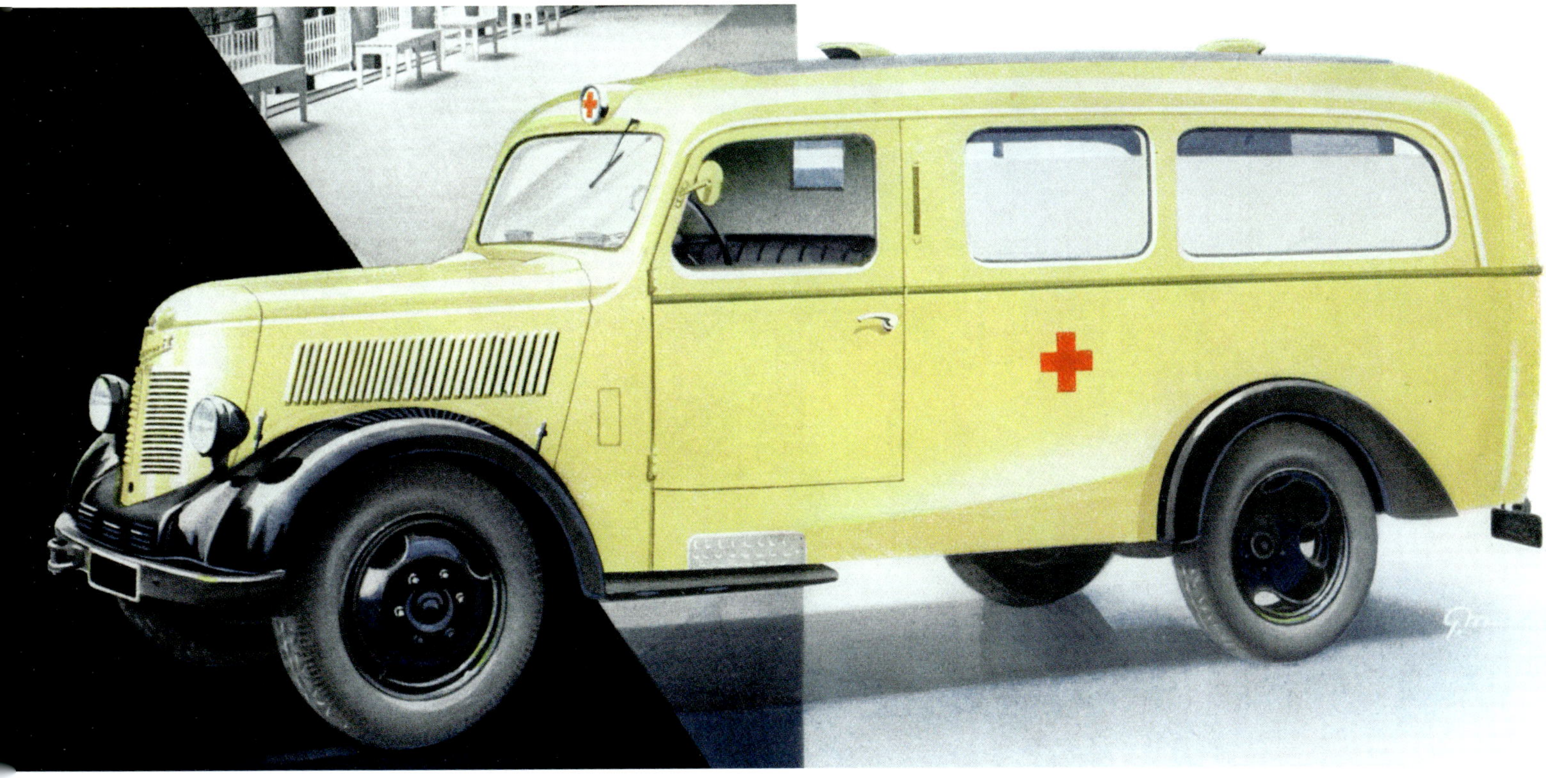

Der schwere Aufbau und die Inneneinrichtung ließen für den Krankenwagen Granit 27 ZW/Kr 2 nur 550 kg Nutzlast zu.

Die Werbung versprach ein ermüdungsfreies Fahren, dank »übersichtlich angeordneter Armaturen und schrägliegender, gut übersetzter Lenkung«.

In Zittau gilt der Januar 1950 mit den ersten zwölf LKW als Beginn des Nachkriegs-Fahrzeugbaus. Wegen der schlechten Kraftstoffqualität musste allerdings die Motorleistung gesenkt werden. Die Stahlblech-Fahrerhäuser fertigte man zunächst aus vorhandenen Beständen; für neue Fahrerhäuser musste wieder zur Gemischtbauweise aus Stahlblech beplanktem Eschenholz mit kunstlederbezogenen Dächern und Rückwänden aus Brettern zurückgekehrt werden. Ständig fehlte es an sogenannten Engpassteilen, halbfertige Fahrzeug-Rohbauten behinderten den Fertigungsablauf.

Als die Lagerbestände aufgebraucht waren, wich die elegante Bugpartie einem vereinfachten Vorderteil. Ein Verkaufsprospekt von Anfang 1950 gab bereits optimistisch eine Nutzlast von 1,75 Tonnen bei der Bereifung 6.00-20 extra HD und 2,25 Tonnen bei der Bereifung 6.50-70 extra HD an. »Andere Aufbauten, wie Kastenwagen, Kleinomnibusse oder Ausführungen zum Transport von Möbeln, Großvieh

Der Vierzylinder-Viertakt-Ottomotor das Granit 27 mit »Pressluftkühlung«.

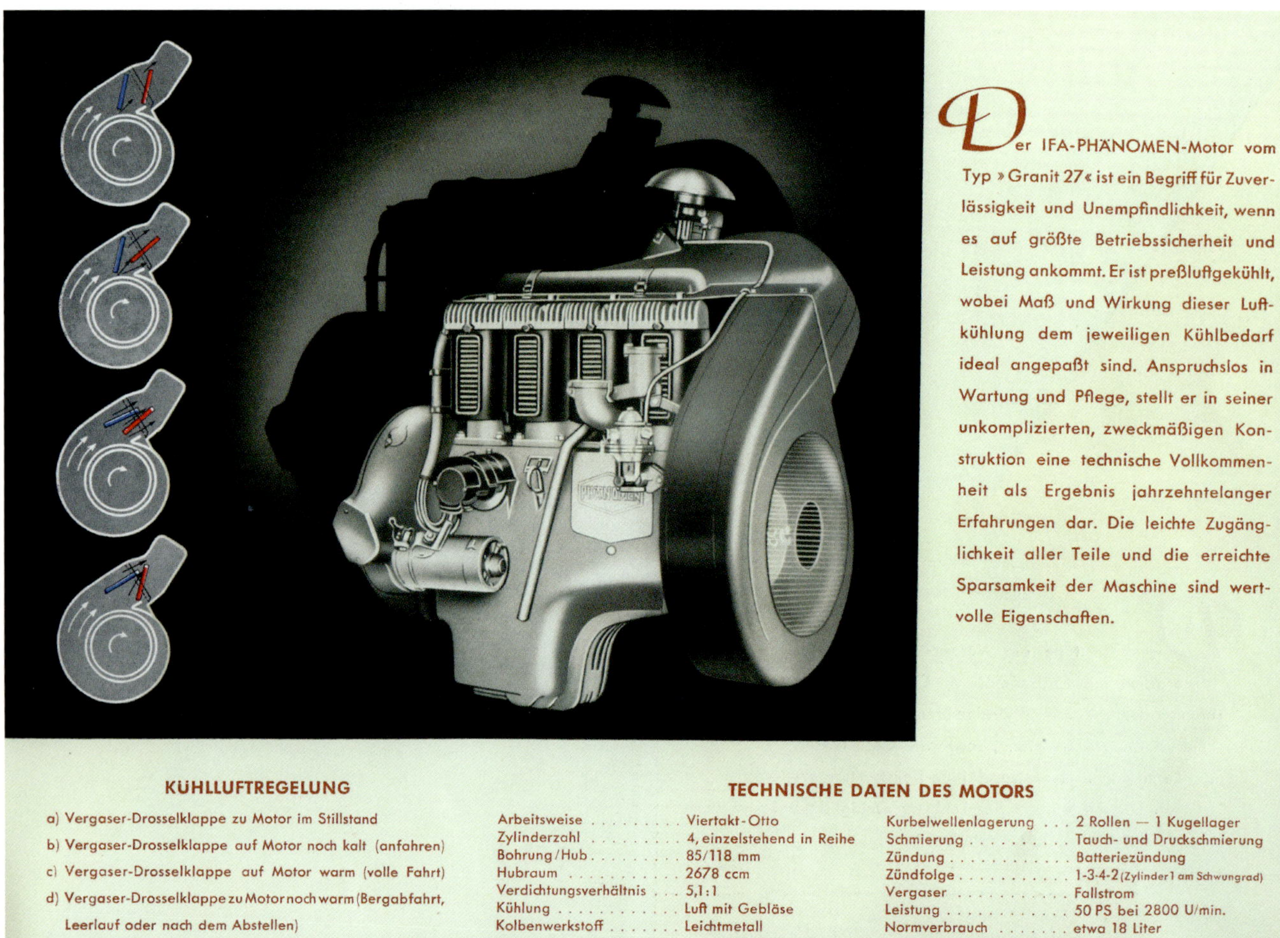

Der IFA-PHÄNOMEN-Motor vom Typ »Granit 27« ist ein Begriff für Zuverlässigkeit und Unempfindlichkeit, wenn es auf größte Betriebssicherheit und Leistung ankommt. Er ist preßluftgekühlt, wobei Maß und Wirkung dieser Luftkühlung dem jeweiligen Kühlbedarf ideal angepaßt sind. Anspruchslos in Wartung und Pflege, stellt er in seiner unkomplizierten, zweckmäßigen Konstruktion eine technische Vollkommenheit als Ergebnis jahrzehntelanger Erfahrungen dar. Die leichte Zugänglichkeit aller Teile und die erreichte Sparsamkeit der Maschine sind wertvolle Eigenschaften.

KÜHLLUFTREGELUNG

a) Vergaser-Drosselklappe zu Motor im Stillstand
b) Vergaser-Drosselklappe auf Motor noch kalt (anfahren)
c) Vergaser-Drosselklappe auf Motor warm (volle Fahrt)
d) Vergaser-Drosselklappe zu Motor noch warm (Bergabfahrt, Leerlauf oder nach dem Abstellen)

TECHNISCHE DATEN DES MOTORS

Arbeitsweise	Viertakt-Otto	Kurbelwellenlagerung	2 Rollen — 1 Kugellager
Zylinderzahl	4, einzelstehend in Reihe	Schmierung	Tauch- und Druckschmierung
Bohrung/Hub	85/118 mm	Zündung	Batteriezündung
Hubraum	2678 ccm	Zündfolge	1-3-4-2 (Zylinder 1 am Schwungrad)
Verdichtungsverhältnis	5,1:1	Vergaser	Fallstrom
Kühlung	Luft mit Gebläse	Leistung	50 PS bei 2800 U/min.
Kolbenwerkstoff	Leichtmetall	Normverbrauch	etwa 18 Liter

Die einfache Entfernung der Bodenbretter sorgte bei allen Granittypen für einen schnellen Zugang zu Getriebe und Kupplung.

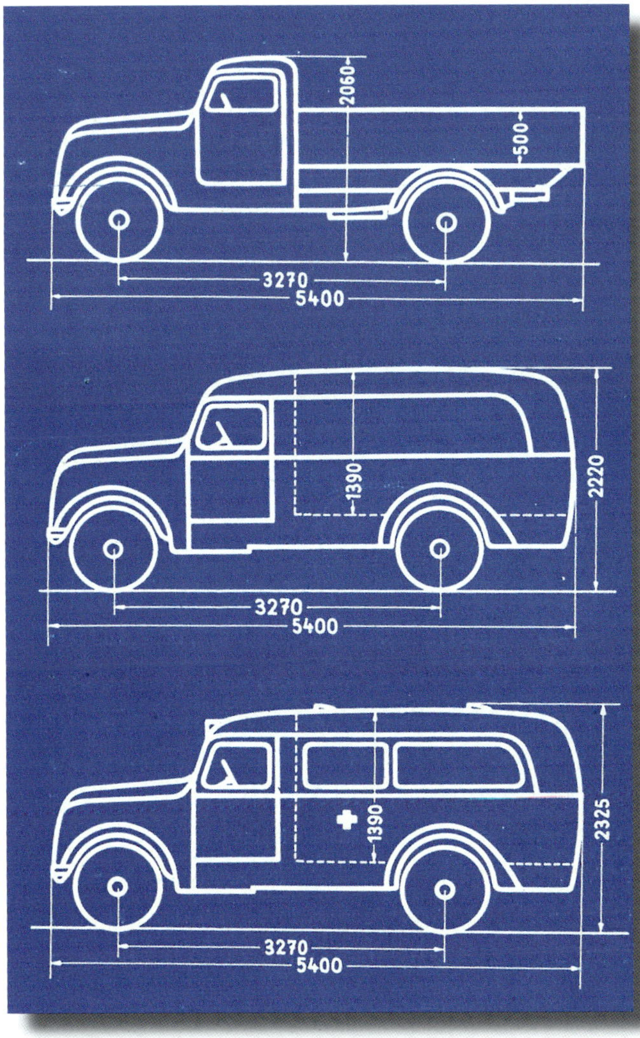

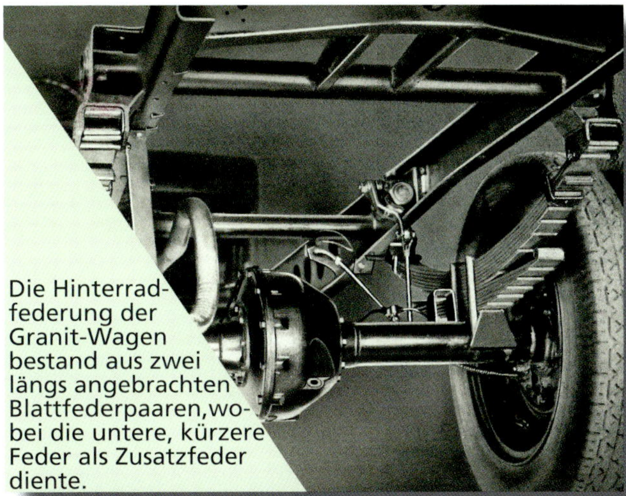

Die Hinterradfederung der Granit-Wagen bestand aus zwei längs angebrachten Blattfederpaaren, wobei die untere, kürzere Feder als Zusatzfeder diente.

Diese Abbildung gewährt Einblick in die Eindruck-Zentralschmierung, die Stoßdämpfer, die hydraulische Bremse und das Lenkgetriebe.

Das Granit 27-Fahrgestell für Nutzfahrzeuge und Omnibusse. Der Krankenwagen hatte hinten eine andere, weichere Federung.

usw., sind selbstverständlich möglich«, hieß es vage. Der Pritsche VF/Pr folgte bald der Krankenwagen ZW/Kr 2 mit Sonderfederung wie vor dem Kriege. Hier war die hintere Blattfederung an Hebelsystemen aufgehängt, die auf horizontal angebrachte Schraubenfedern wirkten. Gerade Krankenwagen wurden überall dringend gebraucht.

Unter Verwendung von Teilen des Wehrmachts-Kübelwagens wurde 1950 als Einzelexemplar ein »Wildschwein-Jagdwagen« montiert, um mit der paramilitärischen KVP (Kasernierte Volkspolizei) ins Geschäft zu kommen. Trotz fehlender Sperrdifferentiale erwies sich der Phänomen allen Vergleichsfahrzeugen als überlegen. Da der U-Profil-»Fischbauch«-Rahmen nicht verwindungssteif ausgelegt war, hoben die Antriebsräder bis zu einer Radverschränkung von 550 mm nicht ab. Für die Entwicklung und Erprobung geländegängiger Fahrzeuge erhielt das Werk auf einem Truppenübungsplatz ein Gelände zugewiesen. Dazu kam das »natürliche Laboratorium«, ein Gebiet im Zittauer Gebirge, dessen Paradestück der Aufstieg vom Kurort Oybin zum Aussichtspunkt Scharfenstein über Felsbrocken darstellte. Die hier gewonnenen Erfahrungen, von denen Außenstehende häufig berichteten, ermöglichten in späteren Jahren Aufsehen erregende Expeditionen.

1950 verließen trotz aller Schwierigkeiten 827 Lastwagen das Werk. Dazu gehörte auch ein Renndienstwagen der IKA-Fahrzeugelektrik.

Zum 75. Geburtstag des DDR-Präsidenten Wilhelm Pieck wurde Anfang 1951 der erste Ambu-

Militärfahrzeuge dominierten immer wieder die Phänomen-Produktion. Wie dieser Granit 27 mit Faltverdeck, ausstellbarer Scheibe und Niederpritsche. (Foto: Ralf Weinreich)

lanzzug mit OP-Wagen, Zahnarzt- und Röntgenabteilung nach Berlin geschickt. Bessere Materialgüte erlaubte es, die Nutzlast des Pritschenwagens mit 2 Tonnen anzugeben. Ab Ende 1951 wurde dieser LKW serienmäßig mit einer Anhängerkupplung ausgerüstet, auf Wunsch auch mit Plane und Spriegel. Für die Wirtschaft wurden neben Pritschenwagen mit Hinterrad- oder Allradantrieb Kofferwagen, Kastenwagen (W/K) und Post- bzw. Überland-Omnibusse (VW/B 18) mit 17+1 Sitzplätzen gefertigt. Der Landpostkraftwagen (Ldkw) hatte eine versetzbare Zwischenwand und konnte als reiner Paketwagen oder durch zusätzliche Anordnung von ein oder zwei Quersitzbänken als Fünf- bis Achtsitzer mit verkleinertem Laderaum verwendet werden. Er war Vorläufer der späteren Mehrzweckwagen. Die maximale Dachlast betrug erstaunliche 350 kg.

Omnibus-Aufbauten kamen vom Werk 3 Bautzen (ehem. Nowack) oder vom VEB IFA Karosseriewerke Halle (ehem. Kathe) und Dresden (ehem. Gläser). Auch die Karosseriefirma Winter lieferte Busse, außerdem verschiedene geschlossene Sonderaufbauten, u. a. Bestattungswagen. Insgesamt umfasste das Phänomen-Programm 28 verschiedene Aufbauten, zu denen ein Rundfunk-Übertragungswagen und ein Spezialfahrzeug für den Film gehörte, im Prinzip ein Bus mit den Flügeltüren des Landpost-Kraftwagens im Heck. Wasser-, Bau- und Forstwirtschaft erhielten eine Ausführung mit Doppelfahrerhaus. Die Kasernierte Volkspolizei bzw. die spätere Nationale Volksarmee waren gute Kunden und erhielten Pritschenwagen, geschlossene und of-

Als geschlossener Kastenwagen (hier mit Zwillingsbereifung hinten) war der Granit 27 ein für viele Branchen interessanter Lieferwagen.

Gleich mehrere Karosseriewerke lieferten Omnibusaufbauten für den Granit 27. Hier der Überland-Reisebus für 18 Personen vom Phänomen-Werk 3 in Bautzen. (Foto: Jens Zenker)

fene Mannschaftswagen (AW/Zg) unterschiedlicher Ausführung sowie Funkwagen auf Basis des Kofferwagens und Sanitäts-Kfz. Die Allradausführungen wiesen zuschaltbare Geländegetriebe auf und waren hinten einfach bereift, wodurch die Nutzlast auf eine Tonne sank. Zeitzeugen loben bis heute die nahezu unbegrenzte Geländegängigkeit.

Verkehrsunfall-Bereitschaftswagen, Kübelwagen mit vier Sitzreihen und anderes mehr entstanden für die Volkspolizei. Für Feuerwehren bestimmt waren Pritschenwagen, Rüstwagen (LF-TS8) und Feuerlöschwagen.

Zu den »produktionssteigernden Programmen« gehörte die Eingliederung weiterer Betriebe wie das Voran-Werk in Zittau, der Turbon Ventilatoren- und Apparatebau Seifhennersdorf als Blechpresswerk für die Stoßdämpferproduktion (1952) sowie der VEB Karosseriewerk Radeberg. Ab 1952 erhielten die Fahrzeuge wieder Scheibenwischer rechts.

Der Granit 27 mit einem Feuerwehraufbau LF-TS 8 vom Feuerlöschgerätewerk Görlitz.

Der Granit 27 D/Zg als Zughilfsfahrzeug mit Faltverdeck und Hochpritsche war neben der Polizei auch für die Feuerwehr interessant. Die leichten Allradfahrzeuge waren hinten einfach bereift.

Ein Granit 27 D/Zg beim Apell der Ostberliner Kampfgruppen am 23. August 1961 in der Karl-Marx-Allee. (Foto: Bundesarchiv)

Ein Granit 27 der HO (Handels-Organisation) der DDR im Stadtbild von Leipzig. Der Fahrzeugbug ist sowohl mit der IFA-Raute, als auch mit dem Phänomen-Schriftzug bestückt. (Foto: Bundesarchiv)

Ein Granit 27 Rettungswagen (RTW) in freiem Gelände vor einem Hubschrauber des Typs Mil Mi-4.

Leipziger Messe 1951: links ein Phänomen Granit 27 VW/B 18 Reisebus, rechts ein Granit 27 ZW/Kr 2 Krankenwagen.

Die seitlich zu öffnenden Motorabdeckungen ermöglichen einen komfortablen Zugriff zur Maschine. (Foto. Ralf Weinreich)

Granit oder Garant

Im Olympiajahr 1936, als Daimler-Benz und Hanomag die ersten PKW Dieselmodelle vorstellten, war für den damaligen Granit 30 ein luftgekühlter 4,1-Liter-Vierzylinder-Dieselmotor mit 60 PS entstanden, dessen Fertigung jedoch unterblieb. 1939 wurde der Wirbelkammer-Dieselmotor Granit 32 U mit 3181 cm³ vorgestellt. Der Motor passte aber nicht in das »Schell-Programm«. Schließlich wurde 1942 die Dieselmotorenentwicklung eingestellt. Der luftgekühlte Selbstzünder wurde zu dieser Zeit von zwei Gebläsen des VW-Wehrmachtskübels gekühlt.

(Foto: Ralf Weinreich)

Granit 30 K

Unter Rückgriff auf die Vorkriegs-Dieselmotorenentwicklung arbeitete man nach 1948 weiter an diesem Projekt. Voreilig wurde auf der Leipziger Frühjahrsmesse des Jahres 1949 ein Stationär-Dieselmotor vorgestellt, ohne dass zu diesem Zeitpunkt an eine Serienproduktion auch nur zu denken gewesen wäre – erst Ende 1949 begannen die Arbeiten an einem Einzylinder-Versuchsmotor. Nochmals 1951 angekündigt, debütierte der Diesel ein Jahr später zunächst nur als Prototyp.

1953 wurde bereits der Granit 30 K (kopfgesteuert) eingeführt, dessen Ottomotor auf dem

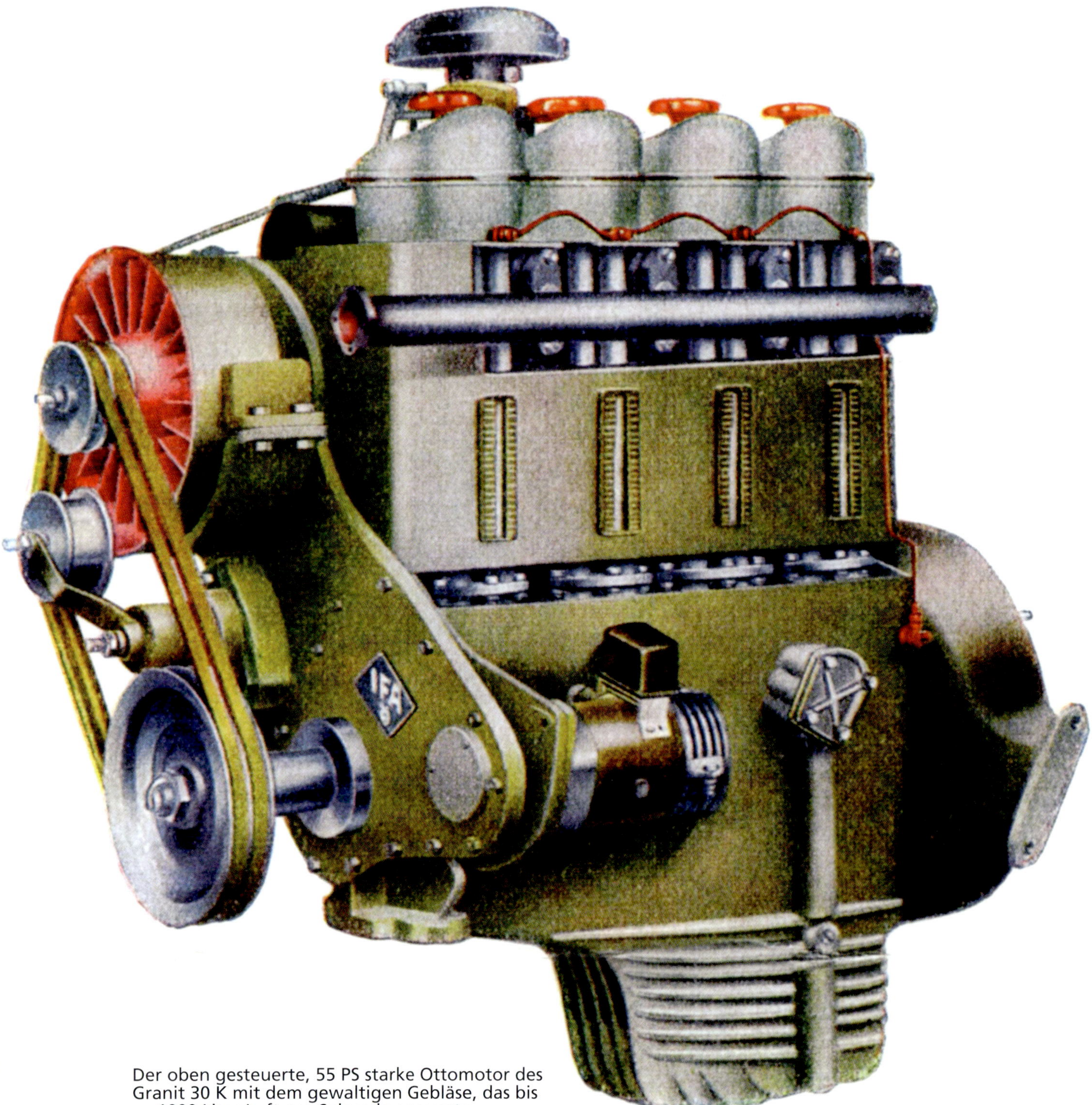

Der oben gesteuerte, 55 PS starke Ottomotor des Granit 30 K mit dem gewaltigen Gebläse, das bis zu 1000 Liter Luft pro Sekunde ansaugte.

Dieser Granit 30 K von 1954, im Feuerlöschgerätewerk Luckenwalde als Tanklöschfahrzeug TLF 8 aufgebaut, war bis 1985 im Dienst.

Diesel aufbaute. Das Kühlluftgebläse jagte bis zu 1000 Liter Luft pro Sekunde durch den Motor und wurde über Keilriemen angetrieben. Der neue Motor brachte neben höherer Leistung vor allem ein höheres Drehmoment für den Geländeeinsatz sowie einen geringeren Kraftstoffverbrauch. Als Industriemotor bewährte sich der 30 K für den Antrieb von Baumaschinen, Pumpen, Generatoren u. a.

Granit 32

Kurz nach dem Granit 30 K konnte endlich der Diesel-Granit 32 in die Serienproduktion gehen. Trotz der langen Vorlaufzeit gehörte das Werk damit zu den ersten Herstellern von luftgekühlten Fahrzeugdieseln in Europa.

Nach dem Volksaufstand vom 17. Juni 1953 wurden für die KVP neue Fahrzeuge entwickelt. Bei Phänomen entstand eine kaum noch überschaubare

Für die Kasernierte Volkspolizei, dem Vorläufer der Nationalen Volksarmee, entstand nach 1953 eine Reihe von Militärfahrzeugen.

IFA
VEB
LKW TYP
Granit

Vielfalt von Behördenfahrzeugen wie Mannschafts- und Zugwagen, sowohl mit Faltverdeck und Klappscheibe als auch mit geschlossenen Fahrerhäusern. Neben der Mannschaftspritsche M baute man auch einige Pickup-ähnliche Niederpritschen.

Der ebenfalls luftgekühlte Vierzylinder-Viertakt-Dieselmotor Granit 32 leistete anfangs 52 PS.

Bereits 1951 brachte Phänomen diesen Prospekt für den Granit 32 mit Dieselmotor heraus. Doch bis zur Serienfertigung vergingen noch einmal zwei Jahre. ⇦

Der 2-Tonnen-LKW Granit 32 mit Dieselmotor debütierte 1954 mit dem neuen Vorderbau.

Granit »Lange Schnauze«

Um das Fahrzeug für neu hinzugekommene Exportmärkte wie die Tschechoslowakei und Ungarn aufzufrischen, änderte das Werk Ende 1953 wiederum den Vorderwagen. Im Werksjargon hießen diese Fahrzeuge »Lange Schnauze«. Nach dem Leipziger Debüt als Diesel-Pritsche und Reisebus erhielten Ende 1954 alle Fahrzeuge die neue Bugpartie.

1955 war auf dem IFA-Pavillon auf der Leipziger Frühjahrsmesse ein Werkstattwagen zu sehen. Die Motoren Granit 30 K bzw. 32 kosteten damals komplett DM (Ost) 3.190 bzw. 6.050. Bei einer Kraftstoffeinsparung von 4,5 Liter/100 km amortisierte sich der Selbstzünder trotz des höheren Literpreises für Dieselkraftstoff von DM 1,80 im freien Verkauf gegenüber DM 1,50 für Vergaserkraftstoff nach einer Betriebszeit von rund 87000 km. Im Frühjahr 1956 wurde die Nationale Volksarmee gegründet und erhielt eigene Sonderausführungen u. a. als Zugfahrzeuge für Panzerabwehrgeschütze, als Granatwerfer und Feldküchen, ebenso als Kofferwagen für Werkstätten und als Omnibusse. Die Straßen- und Geländeeigenschaften wurden – mit und ohne Anhänger – als sehr gut beurteilt.

Auf Basis des Granit 30 K Allrad entstand 1954/55 im VEB Waggonbau Görlitz eine Kleinserie des Panzerspähwagens SK-1.

Auch der Reisebus Granit 30 K gehörte zu den ersten Phänomen-Fahrzeugen mit der neuen »Langen Schnauze«.

Der 1955 gedruckte Prospekt zeigte einen noch recht filigranen Garant-Schriftzug auf der Front des Pritschengfahrzeugs, die auch weiterhin sechs Zierstreben aufwies.

Zeitweise berichteten die Medien der DDR recht offen über Schwierigkeiten in der Wirtschaft. Die Probleme in Zittau lagen im überalterten Maschinenpark und in der ungenügenden Qualität der angelieferten Rohmaterialien und Aggregate. Um die Kapazität gemäß dem zweiten Fünfjahresplan auszuweiten, wurde Ersatz für alte und die zusätzliche Bereitstellung neuer Maschinen gefordert, um »die längst überholte manuelle Fertigung abzulösen«. Als krasse Beispiele für schlechte Zulieferungen wurden u. a. Öldruckschalter vom VEB Auto- und Motorradelektrik Pirna (Ausschuss bis zu 50 Prozent!) und Kupplungen von Renak Reichenberg (Ausschuss bis zu 80 Prozent!) genannt. Das Problem der Vergütung bei den Schmieden blieb ebenfalls akut. »Wir sind darauf angewiesen, von einer Anzahl in der DDR verstreuter Schmieden die Teile zum VEB Motorenwerk Karl-Marx-Stadt zum Vergüten zu schaffen, wodurch erhebliche Transportkosten entstehen«, hieß es in einem Bericht. Schwierigkeiten gab es schließlich auch beim Bezug hochfester Schrauben.

Die Firma E. Mühle Söhne, Löbau, bereicherte das Programm um den DL 12 mit 12-m-Holz- oder Stahldrehleiter. Ferner entstand auf der Basis des Granit 30 K 4x4 als einziges gepanzertes Fahrzeug aus DDR-Produktion der 5,4 Tonnen schwere Panzerspähwagen SK-1 (=Sonderkraftwagen). Es handelte sich um eine Entwicklung vom VEB Kraftfahrzeug-Entwicklungswerk Hohenstein-Ernstthal; der Funktions- und Fertigungsmusterbau erfolgte in Zittau, die Kleinserie kam schließlich vom VEB Waggonbau Görlitz. Ausgerüstet mit einem Drehturm mit Maschinengewehren waren die SK-1 als »Mittel gegen innere Unruhen« gedacht.

Garant

Per 1. Juli 1956 musste die Baureihenbezeichnung von Granit in Garant geändert werden, weil Rudolf Hiller als der Inhaber der Namensrechte die Typenbezeichnung »Granit« in die Hanomag AG eingebracht und einen Prozess um die Durchsetzung dieser Rechte gewonnen hatte.

Auf der Leipziger Herbstmesse 1956 zeigte das Werk seine Stationär-Dieselmotoren, die im Baukastensystem als Ein-, Zwei-, Drei- und Vierzylinder angekündigt wurden (Typenbezeichnung GD 1 bis GD 4). Ende 1956 lief erstmals der luftgekühlte V8-Dieselmotor GD 8 mit Aluminium-Gussteilen im Versuch. Die Leistung betrug bei einem Hubraum von 6,4 Liter 120 PS. Es existierten vier oder fünf verschiedene Ausführungen, die u. a. als Bootsmotoren und für den Einsatz im Werdauer LKW G 5 vorgesehen waren.

Das Fahrgestell des Garant 32 mit Dieselmotor.

REISE-OMNIBUS

Der Reisebus spielte stets eine besondere Rolle im Zittauer Fahrzeugprogramm; stark exportorientiert brachte er wichtige Deviseneinnahmen aus dem Westen bzw. ermöglichte Tauschgeschäfte mit dem Ostblock.

KRANKENTRANSPORTWAGEN

Der gut durchdachte und wirksam heizbare Innenraum gestattet den Transport bis zu vier auf gefederten Tragen liegenden und zwei sitzenden Kranken oder Begleitpersonen auf einem gepolsterten Armlehnsessel und einem an der Fahrerhausrückwand angebrachten Notsitz. Die gepolsterte dreisitzige Klappbank mit Rückenlehne kann bei der Fahrt nur mit den beiden linken Tragen ausgenutzt werden.

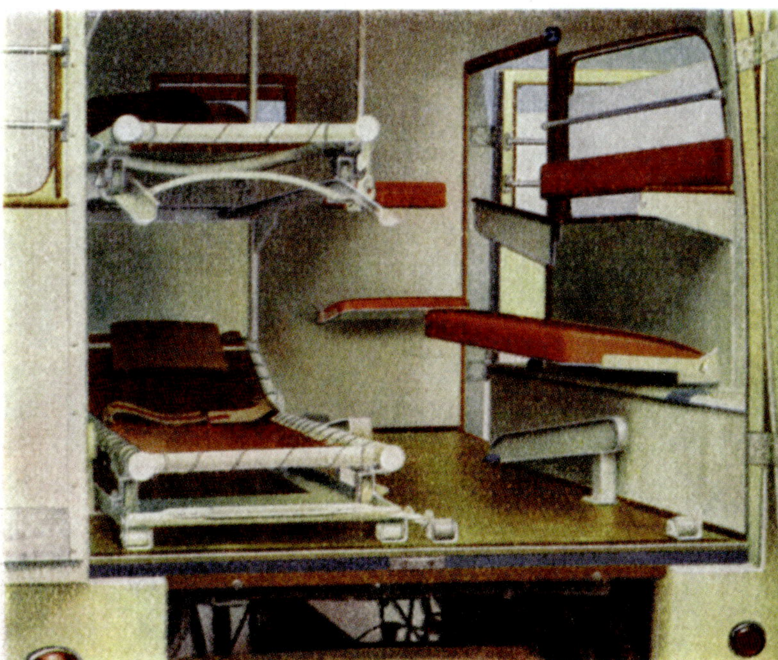

Zusammen mit den Framo/Barkas-Modellen aus Frankenberg deckten die Krankentransportwagen aus Zittau einen Großteil des Bedarfs solcher Fahrzeuge in der DDR ab.

Aus Phänomen wird Robur

Zum 1. Januar 1957 wurde der Werksname in VEB Robur-Werke, Lastkraftwagen und Motoren, Zittau, geändert. »Robur« stammt aus dem Lateinischen und wurde als »Steineiche« oder Ausdruck der »gesunden physischen Kraft« übersetzt. Das Lateinisch-Deutsche Handwörterbuch der Wissenschaftlichen Buchanstalt Darmstadt gibt eine ganze Reihe weiterer Begriffe an. Am logischsten erscheint »das Starke, eigentlich das Starkholz, Hartholz, Kernholz, besonders das Eichenholz«. Der Schriftzug »Robur« wurde ab 1961 übrigens in Form einer Kurbelwelle gestaltet.

Garant
CB 1237
ROBUR-NUTZFAHRZEUGE T

Auf der Leipziger Herbstmesse 1957 wurde ein Vertrag über die Lieferung von 2300 Garant im Auftragswert von 38 Millionen Ostmark mit der Tschechoslowakei unterzeichnet. Der Stückpreis betrug somit rund DM (Ost) 16.520. Neu im Programm war ein Mehrzweckfahrzeug als 4- bis 5-Sitzer mit zwei Seitenfenstern, in Sonderausführung als 6- bis 9-Sitzer mit drei Seitenfenstern, eigentlich ein teilverglaster Bus. Der Nutzraum konnte durch Herausnehmen der letzten Sitzreihe und Verstellen der herausnehmbaren Trennwand vergrößert werden. Auch war das Fahrgestell mit oder ohne Fahrerhaus für Sonderaufbauten erhältlich, zum Beispiel für Feuerwehrfahrzeuge.

Der Kraftstoff-Einfüllstutzen, bisher unter dem Fahrersitz, war jetzt nach außen verlegt worden.

Mit 6260 Fahrzeugen wurde 1957 bereits der doppelte Ausstoß des Geschäftsjahres 1942/43 erreicht. Im Februar 1958 veröffentlichte die Zeitschrift Der Deutsche Straßenverkehr ihren ersten LKW-Test: »Wir wollten einmal wissen, was da ›hinter den Bergen‹ eigentlich gemacht wird …

1957 brach ein neues Zeitalter in Zittau an. Aus Phänomen wurde Robur, und die Garant-Fahrzeuge erhielten fünf breitere Zierleisten vorn quer an der Motorhube, anstelle der schmaleren sechs zuvor.

(Foto: Ralf Weinreich)

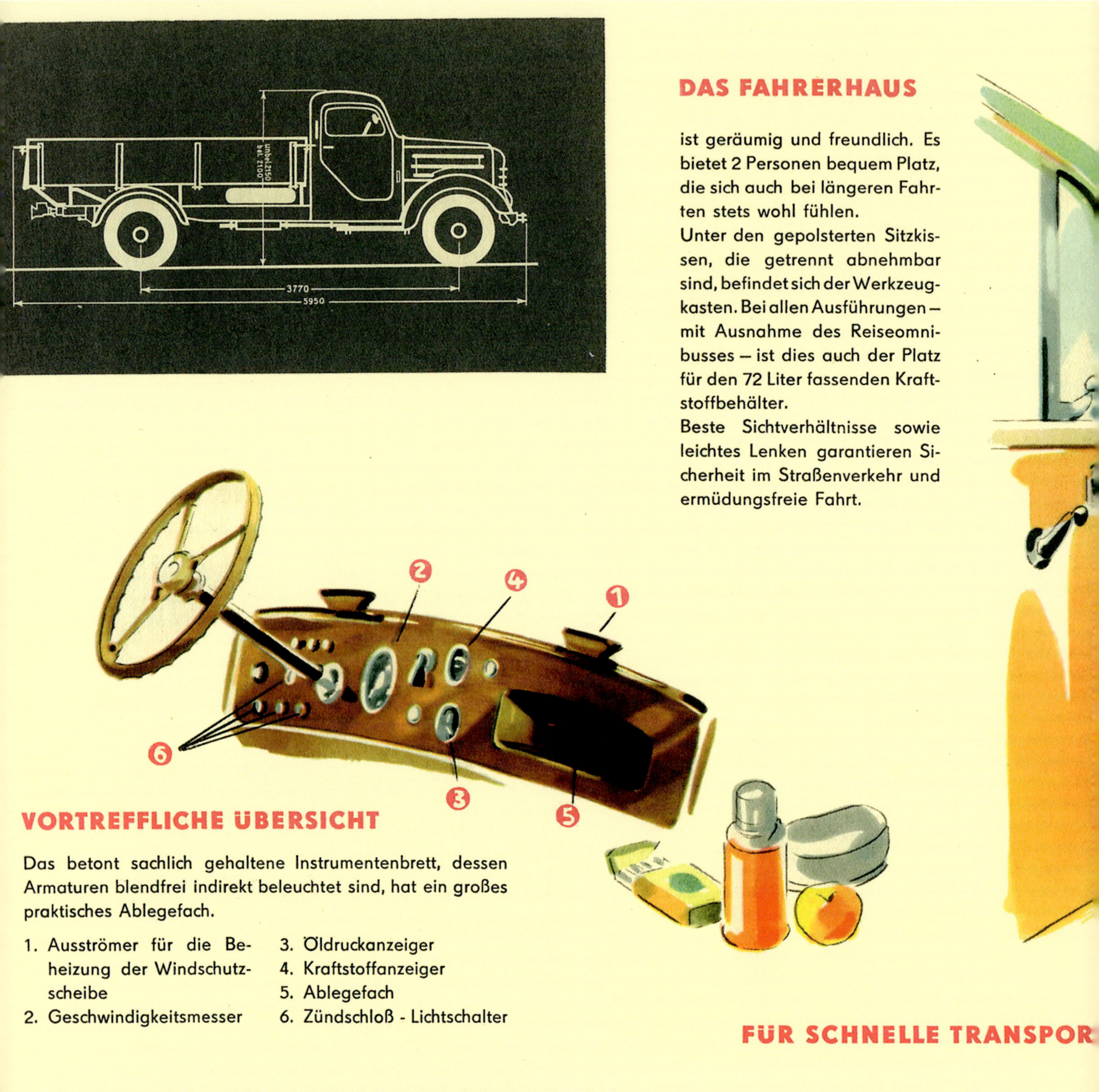

DAS FAHRERHAUS

ist geräumig und freundlich. Es bietet 2 Personen bequem Platz, die sich auch bei längeren Fahrten stets wohl fühlen.
Unter den gepolsterten Sitzkissen, die getrennt abnehmbar sind, befindet sich der Werkzeugkasten. Bei allen Ausführungen – mit Ausnahme des Reiseomnibusses – ist dies auch der Platz für den 72 Liter fassenden Kraftstoffbehälter.
Beste Sichtverhältnisse sowie leichtes Lenken garantieren Sicherheit im Straßenverkehr und ermüdungsfreie Fahrt.

VORTREFFLICHE ÜBERSICHT

Das betont sachlich gehaltene Instrumentenbrett, dessen Armaturen blendfrei indirekt beleuchtet sind, hat ein großes praktisches Ablegefach.

1. Ausströmer für die Beheizung der Windschutzscheibe
2. Geschwindigkeitsmesser
3. Öldruckanzeiger
4. Kraftstoffanzeiger
5. Ablegefach
6. Zündschloß - Lichtschalter

FÜR SCHNELLE TRANSPOR

Insgesamt hatte sich beim »neuen« Robur Garant gegenüber den alten Granit-Modellen wenig geändert.

Fassen wir unsere Testergebnisse zusammen, so kommen wir zu dem Schluss, dass Garant 30 K und Garant 32 zu den besten Wagen gehören, die wir bisher in die Finger bekamen ... Das Fahren mit diesen Schnelllastwagen, denn schnell sind sie, hat uns viel Spaß gemacht.« Hervorgehoben wurde die Zentralschmierung (die allerdings kurz darauf aufgegeben wurde), die für einen LKW hervorragenden Federungseigenschaften, ferner die Lenkung, Schaltung und Bremsen. Vor allem die Straßenlage imponierte den Testfahrern (»sie übertraf alle unsere Erwartungen« - »läuft wie auf Schienen«). Die Höchstgeschwindigkeit des 30 K ermittelte die Redaktion mit 105 km/h.

Nach einer Meldung von 1958 sollte ein V6-Motor das Angebot ergänzen. Er war sowohl als Diesel- als auch als Ottomotor vorgesehen. Etwa 30 Versuchsexemplare liefen später in 6,5 Tonnern. Doch die Sechs- und Achtzylindermotoren blieben Prototypen, konzeptionell bedrängt von Gasturbinen aus Pirna, einem Nebenprodukt der damaligen DDR-Flugzeugindustrie (ein Milliardengrab mit eigener Geschichte).

Das Motorenwerk Kamenz

Schließlich wurde der VEB Motorenwerk Kamenz in die Robur-Werke eingegliedert. Dieser Betrieb war 1895 als Maschinenfabrik Horst Steudel gegründet worden. Zwischen 1905 und 1909 baute man dort auch Automobile, in den 1920er Jahren Einbaumotoren für Krafträder, Automobile und Boote. Eines der Nachkriegs-Erzeugnisse war der Einzylinder-Vorkammer-Dieselmotor mit Verdampfungskühlung (5,6 PS) für die Diesel-Ameise gewesen, dem Stationär-Dieselmotoren folgten.

Weitere Garant-Varianten

Auf der Leipziger Frühjahrsmesse 1958 fand am Messestand von Robur ein Verkaufswagen besonders viel Interesse. Dann erschien ein Möbeltransportwagen, ein Hochdach-Kofferwagen mit seitlichen Planen statt starrer Wände. Und zum Internationalen Sachsenring-Rennen 1958 sah man im Fahrerlager erstmals den neuen Renndienstwagen der IKA-Fahrzeugelektrik. Der Aufbau für eine komplette Werkstattausrüstung stammte von der Firma Fritz Fleischer aus Gera; man benutzte ihn häufig als Werbemotiv. Einige Instandsetzungsbetriebe rüsteten den Garant auch in Eigeninitiative als Kfz-Hilfsdienstfahrzeug aus.

Bald nach Vorstellung des neuen Frontlenkers LO 2500, lieferbar zunächst nur als Reisebus, hielt dessen leistungsgesteigerter Motor im Garant Einzug. Aber es gab auch ganz andere Robur-Produkte: Im zweiten Halbjahr 1958 wurden transportable Autogaragen mit Betonsockeln ins Programm aufgenommen.

Die Leipziger Frühjahrsmesse 1959 zeigte den Bautruppwagen mit Allradantrieb und den Tierkörper-Beseitigungswagen. Spezialfahrzeuge dieser Art fanden sich nun ständig im Lieferprogramm und wurden später durch die extensive Massentierhaltung in der DDR auch bitter notwendig. 1959 wurde ein weiterer Bestattungswagen vorgestellt.

1960 entwickelten Mitarbeiter des Großhandelskontors Haushaltschemie Potsdam zusammen mit dem KIB »Max Reimann«, Potsdam-Babelsberg, einen Garant mit abnehmbarer Rollpritsche. Der Fahrzeugstillstand beim Beladen konnte damit von 30 bis 60 Minuten auf vier Minuten gesenkt werden. Die Firma Gustav Winter, Zittau, lieferte einen Unfall-Aufnahmewagen mit Zwillingsbereifung und Dachdom, eine Art mobile Notklinik.

Die Garant-Produktion endet

Die letzten Garant vor der Produktionseinstellung Anfang 1961 erhielten verstärkte Hinterachsrohre. Dies stellte die einzige Verstärkung am Fahrzeug dar, das auf Anhieb so ausgereift und solide gewesen war. Die Motorlebensdauer der Benziner wurde mit 120000 bis 180000 km angegeben. Wegen des Mangels an Lastwagen wurden viele Granit, Garant und später auch LO für ein zweites und nicht selten sogar drittes Fahrzeugleben neu aufgebaut. Dabei wurden viele frühe Fahrzeuge mit der neuen Frontpartie versehen. Besonders für Privatbetriebe war dies meist die einzige Möglichkeit, überhaupt zu solch einem Fahrzeug zu kommen. Der Kfz.-Brief wies dann unter der Rubrik Baujahr das Jahr des Neuaufbaus aus. Vorderachsen von Allradwagen fanden in der Landwirtschaft Verwendung für Traktoren. Später wurden ausgemusterte NVA-Fahrzeuge ohne Ausnahme Feuerwehren zur Verfügung gestellt und dafür mit aufgabenspezifischen Aufbauten versehen – oder zwangsverschrottet.

Insgesamt entstanden nach dem Zweiten Weltkrieg 49823 Fahrzeuge der Baureihen Granit und Garant.

Der Robur Garant 30 K in Pritschenversion auf einem zeitgenössischen Werbefoto.

In der Pritschenausführung waren die Garant 30 K / Garant 32 am häufigsten zu sehen. Hier ein restauriertes Fahrzeug in der klassischen Farbgebung. (Fotos oben und unten: Ralf Weinreich)

Ein Garant 30 K AVF/Pr Pritschenwagen mit Allradantrieb im Testgelände.

Der Krankentransportwagen – ein alter Bekannter aus Granit-Zeiten – wieder mit einer weichen Spezialfederung mit Stoßdämpfern.

Auch den Reiseomnibus mit maximal 18 Sitzen kannte man von früher her. Ab 1957 war er als Robur Garant unterwegs.

Neu im Robur-Programm: Der Garant 30 K / 32 als Mehrzweckfahrzeug mit 2 x 2 Seitenfenstern und sechs bis neun Sitzplätzen.

Noch einmal das Mehrzweckfahrzeug Garant 30 K auf einer Werbeaufnahme des Zittauer Werkes.

Immer noch das wichtigste Fahrzeug der Zittauer Produktion: Garant 30 K W/K Kastenwagen

Im Frühjahr 1958 warb Robur mit Verkaufswagen in verschiedenen Ausführungen auf Basis des Garant 30 K.

Der Garant 30 K DL 12,
das Drehleiterfahrzeug
mit Einfachkabine…

...oder Doppelkabine, war ein eher seltenes, aber in vielen Bereichen äußerst wichtiges Fahrzeug.

Noch seltener war der Garant mit Flughafen-Hubpritsche zu sehen.

In Eigeninitiative entstanden einige Garant 30 K Abschleppwagen mit Kranaufbau. Hier vor einem Garant 30 K Mehrzweckfahrzeug. (Foto: Matthias Fromm)

Der Garant 30 K als Bautruppfahrzeug mit Doppelkabine bereicherte 1959 die Angebotspalette der Luftgekühlten aus Zittau.

Ebenfalls im Jahre 1959 erschien der Tierkörper-Beseitigungswagen, auch als Kadaverfahrzeug bekannt.

Die diversen Militärfahrzeuge auf der Basis der Garant-Lkw hatten meist diese spezielle Bugpartie. Im Bild ein Pritschenfahrzeug der GST mit angehängter Gullaschkanone.

Ein vermutlich in Eigeninitiative entstandener Busaufbau, der sich schon hinter der Motorhaube deutlich von den frühen Serienomnibussen abhob.

Nach ihrem Leben beim Militär wurden viele Garant zu Feuerwehrfahrzeugen umgerüstet. Hier ein 30 K LF-TS 8.

Dieser Garant 30 K Kastenwagen hatte, wie viele seiner Artgenossen auch, ein sehr langes Arbeitsleben hinter sich und durfte immer noch nicht in Rente gehen.

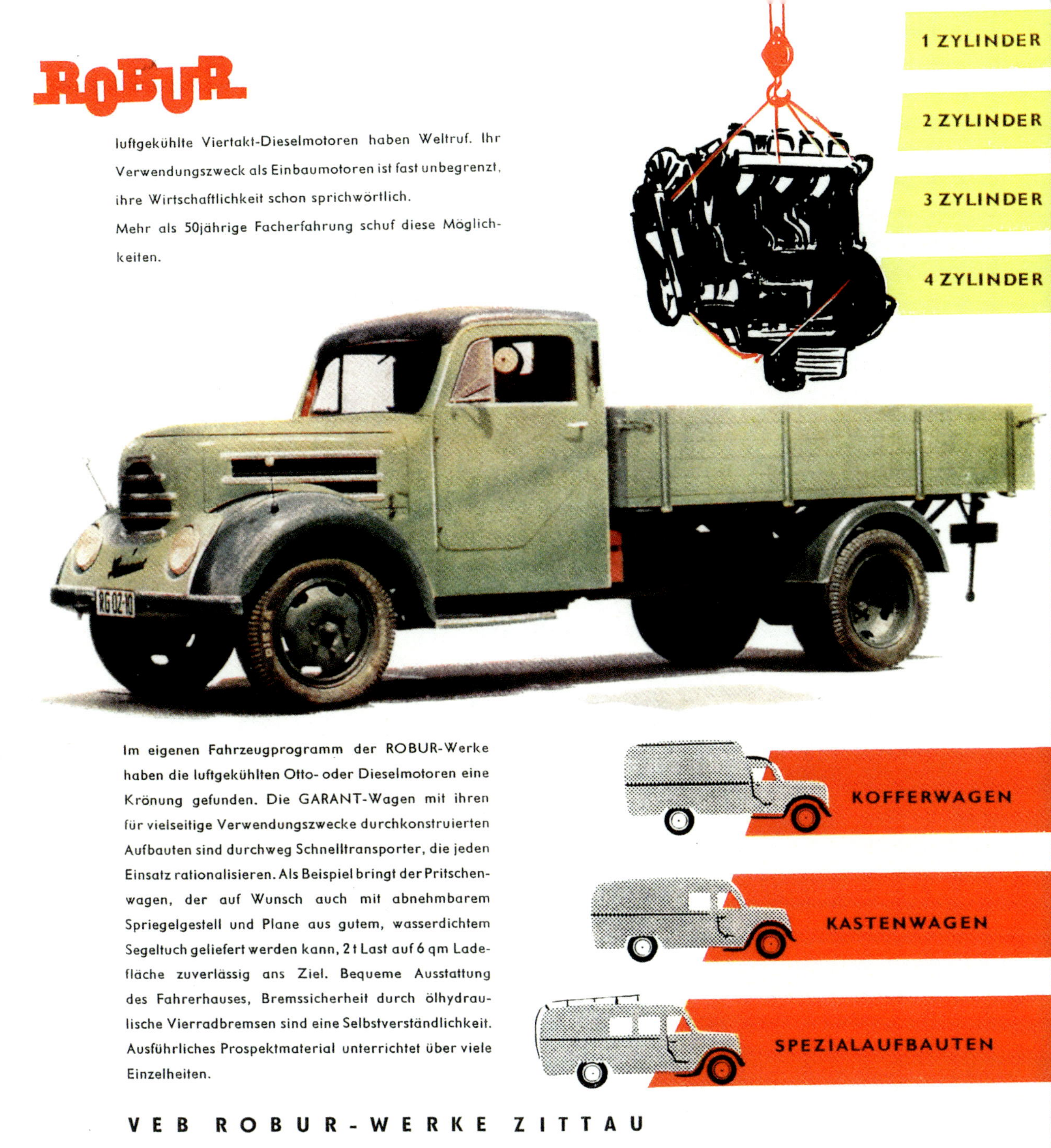

Die Robur-Werke in Zittau waren auch längst zu wichtigen Motorenbauern geworden. Neben den Lastwagen entstanden luftgekühlte Motoren in verschiedenen Größen und für verschiedene Verwendungszwecke.

Sachsenring-Rennen 1981: Ein Garant mit Sonderaufbau für Rundfunktechnik inmitten des Zuschauer-Spaliers. (Foto: Rennsportarchiv Jordan)

11V 4100
Garant
08V 0359

(Foto: Ralf Weinreich)

Die Frontlenker-Generation

(Foto: Ralf Weinreich)

Bevor im weiteren Verlauf über Entwicklung und Produktion der LO-Frontlenker-Typen berichtet wird, müssen Erläuterungen zu den Typenbezeichnungen vorangestellt werden.

Die Frontlenker hatten keine Typenbezeichnung im eigentlichen Sinn, sondern eine Kombination von Buchstaben und Zahlen, die Auskunft über das Motorenkonzept, die Tragkraft und Entwicklungsstufe des Fahrgestells, Links- oder Rechtslenkung, Standard- oder Allradantrieb und Aufbau gab. Ohne dass dies in der Werbung entsprechend herausgestellt wurde, ermöglichte das Baukastensystem bei den Frontlenkern eine nahezu beliebige Kombination von Motor (LO = luftgekühlter Ottomotor, LD = luftgekühlter Dieselmotor), Fahrgestell (anfänglich mit Zwillingsrädern hinten beim 2500, 2501 und 2502 oder mit Einfachbereifung hinten beim 1800 und 1801, nach Aufstockung der Nutzlast mit Zwillingsrädern hinten beim 3000, 3001 bzw. 3002, 3003 und 3004 oder mit Einfachbereifung hinten beim 2002, 2202 und 2003)

»Karpfenmaul« und hinten angeschlagene Türen: Auf der Leipziger Frühjahrsmesse 1961 präsentierte Robur seine neuen Frontlenker-Lkw, allen voran wie immer der Pritschenwagen.

Weitere Kürzel bezeichneten die Lenkung (keine Angabe = Linkslenkung, R = Rechtslenkung), den Antrieb (keine Angabe = Standardantrieb, A = Allrad, Entwicklungsstufe 3004: 2 A 3004 2), und den Aufbau (Angaben hierzu siehe Aufbauten der 3. Erzeugnisgeneration). Beispiele: Der Robur LO 2500 KF/Pr war der erste 2,5-Tonnen-Frontlenker mit Ottomotor, Zwillingsbereifung hinten, Linkslenkung, Standardantrieb und Pritschenwagenaufbau. Der IFA Robur LD 2002 RAFr M 7/Mz war der letzte 2-Tonnen-Serien-Frontlenker mit Dieselmotor vor der Wende, Einfachbereifung hinten, Rechtslenkung, Allradantrieb und Mehrzweckwagen-Aufbau, zwei Sitze, vollverglast.

Mit Bildung des IFA Kombinats LKW erschienen die Fahrzeuge mit dem Namenszusatz IFA, was umgangssprachlich jedoch keine Bedeutung hatte.

LO 2500 und LD 2500

1953 beauftragte die VVB Automobilbau das Zittauer Werk, in Kooperation mit dem VEB Karosseriewerk Halle eine neue Frontlenkergeneration zu entwickeln, um Anschluss an internationale Bautendenzen zu finden (höhere Nutzlast, größere Ladefläche, bessere Sichtverhältnisse, ausgeglichenere Gewichtsverteilung auf Vorder- und Hinterachse, größere Wendigkeit). Das Entwicklungsziel war kein Fahrzeug mit optimaler Auslegung für den Straßenverkehr, sondern vielmehr, den Grundtyp mit geringem Aufwand in die Varianten Omnibus, LKW und vor allem auch in geländegängige Fahrzeuge abwandeln zu können. Dazu war die Rahmenbauweise auch beim Bus erforderlich. Mit dem extrem hoch positionierten Motor, aufgehängt in einem Hilfsrahmen, der durch Lösen weniger Schrauben

Aus einer Sammelmappe mit speziellen Werbemotiven für IFA-Fahrzeuge aus dem Jahre 1962 stammt dieses Bild mit dem neuen LO 2500 Reisebus.

Als »Mehrzweckfahrzeug für kombinierten Personen- und Lastentransport« stellte Robur diesen LO 2500 im März 1962 vor.

Und mit komplett geschlossener Karosserie gab es den Robur Frontlenker auch wieder als Kastenwagen.

Ab 1961 war auch das neue Drehleiterfahrzeug auf Basis des LO 2500 lieferfähig.

ohne Demontage der Vorderachse ausgefahren werden konnte, schufen die Ingenieure eine Voraussetzung für gute Geländegängigkeit.

Nachdem bereits 1956 der VEB Karosseriewerk Leipzig auf Basis eines Phänomen Granit 30 K einen Frontlenker-Omnibus als Einzelstück geschaffen hatte, berichtete die Fachpresse Anfang 1958 vom kommenden Bus aus Halle als Vorläufer des zukünftigen Frontlenker-LKW. Der Omnibus mit Ganzstahlkarosserie debütierte im Juni 1958. Seine Motorleistung betrug 60 PS, Achsen und Bremsen waren verstärkt worden. Neu war das teilsynchronisierte Fünfganggetriebe. Große Schwierigkeiten bereitete die Entwicklung gebogener Frontscheiben für bessere Rundumsicht. Der Bus nahm zunächst die Rolle einer Vorserien- Produktion ein. Zur Ermittlung des internationalen Stands der Technik zog man aus der Bundesrepublik Deutschland neben dem Borgward B 622 den Hanomag Garant, den Ford FK 2500 und den Faun F 283 D/290 heran, ferner den italienischen OM 2.5 t und den französischen Renault 2.5 t. Die Besonderheiten des Robur lagen im wahlweisen Einsatz von Otto oder Dieselmotor sowie Standard- oder Allradantrieb. Hinzu kam mit 37 Prozent eine sehr große Steigfähigkeit. Einzig der Robur war luftgekühlt. Beim internen Vergleich des LO 2500 mit Borgward und Granit 30 K kamen die Zittauer zum klaren Sieg nach Punkten über den Borgward und zur Distanzierung des bisherigen 30 K.

LO 2500 bzw. LD 2500 wurden als LKW 1960 vorgestellt. Beide erhielten den eigenartigen Kühlergrill, im Volksmund »Karpfenmaul« genannt. Dies galt auch für den Omnibus. Das breite Ganzstahl-Fahrerhaus bot Platz für einen zusätzlichen Klappsitz. Für besondere Zwecke wie beispielsweise Kipper-Aufbauten konnte für den Antrieb einer Hydraulikpumpe ein Nebengetriebe an das Getriebe angeflanscht werden.

LO 1800 und LD 1800

Von den Allradvarianten LO 1800 A bzw. LD 1800 A war 1960 ebenfalls schon die Rede. Einer Vorserie für die NVA folgte Anfang 1961 die Serieneinführung des LO mit einer Anhängelast von 3 Tonnen. Der Allradler erhielt einen abschaltbaren Vorderradantrieb, ein Verteilergetriebe mit dem Untersetzungsverhältnis 1,8: 1 sowie Geländereifen. Für Spezialfahrzeuge konnte durch einen anderen Hinterachsantrieb das Gesamtuntersetzungsverhältnis bis auf 80: 1 gebracht werden. Die einfach, aber robust gebauten Allradfahrzeuge fanden bei der Armee, in der Land- und Forstwirtschaft, bei der Feuerwehr und im Kali-(Untertage-)Bergbau Verwendung. Beachtlich waren Kletter- und Watfähigkeit (600 bzw. 900 mm). Einziger konstruktionsbedingter Nachteil war die ungeschützt vor der Achse liegende Spurstange.

Bei hinten angeschlagenen Türen sollte man beim Aussteigen wirklich warten bis der Wagen hält.

Nicht vor 1963 begann der Serienbau des Diesels LD 1800. Eine mechanische Aufladung hatte man aus finanziellen und technischen Gründen nicht realisieren können. Die Höchstgeschwindigkeit wurde trotz nominell gleicher Leistung niedriger angegeben. Auch im Betrieb war der Diesel deutlich langsamer, und das Mehrgewicht von 75 kg verringerte die Nutzlast. Übrigens wurden bei beiden Motoren Anlasskurbeln mitgeliefert, deren Wert besonders beim Diesel eher theoretischer Natur war. Im März 1965 erhielt die Baureihe vorn angeschlagene Fahrerhaustüren. In den Fahrgestellen für die geschlossenen Aufbauten Reisebus, Kastenwagen und Mehrzweckwagen wurde der Motor um 440 mm nach vorn verlegt. Mit dieser intern Serie

Für Feuerwehr oder Militär: Die LO / LD 1800 Allradfahrzeuge, an der einfachen hinteren Bereifung zu erkennen, waren in der Regel im Behördeneinsatz. Wie schon Granit und Garant war auch der LO 1800 bei der Feuerwehr als Typ LF 8-TS 8 vornehmlich für den Transport der Tragkraftspritze vorgesehen. (Fotos oben und unten: Ralf Weinreich)

Ab März 1965 erhielten alle Robur-Fahrzeuge vorn angeschlagene Türen (Foto: Fiver, der Hellseher CC BY-SA 4.0)

Der LO 2500 war als Reisebus im In- und Ausland sehr begehrt und besserte die Exportbilanz des DDR-Außenhandels ordentlich auf. (Foto: Jwaller CC BY-SA 4.0)

VI genannten Entwicklungsstufe wurden die Abschmierintervalle erheblich verlängert. Andererseits kamen durch den Fortfall der bisher verwandten Zentralschmierung (hier war alle 50 km ein Pedal zu treten gewesen) zwölf Nippel hinzu, die alle 3000 km abgeschmiert werden wollten. Das Exportgeschäft umfasste zwischen 1964 und 1966 die Lieferung von Teilesätzen für 500 Pritschenwagen LO 2500 und 1000 Omnibusse LO 2500 B 21 in das indonesische Surabaya.

1967 wurde der Betriebsteil Motorenwerk Kamenz wieder von Robur getrennt und dem VEB Motorenwerke Cunewalde zugeschlagen. Die Fahrzeugmontage wurde von Zittau nach Bautzen verlagert, um im Stammwerk Platz für eine sechsstellige Jahresproduktion von Hydraulik-Zylindern für Kipper zu schaffen.

Mit dem LO / LD 2501 und 1801 erhielt der kleine Zittauer LKW ab März 1968 seine für die nächsten 20 Jahre charakteristische Frontpartie.

2501 und 1801

Im März 1968 wurde die Frontgestaltung vereinfacht. Innen fiel im Fahrerhaus der sogenannte Lenkturm weg. Die neue, starre Befestigung der Lenksäule verbesserte nicht nur die Präzision der Lenkung, sondern ermöglichte auch den Einbau einer Rechtslenkung. Der Motor wurde nun in allen Varianten nach vorn verlegt, der Ottomotor von Tauch- auf Druckschmierung umgestellt Die Allradvarianten erhielten auf Wunsch eine Seilwinde.

Mit einem Titel machte die KFT (Kraftfahrzeugtechnik) im Jahr 1968 auf 80 Jahre Fahrzeugbau in Zittau aufmerksam. Da hatte der Robur die Blinklichter noch seitlich. Die Anordnung an der Frontpartie brauchte offensichtlich noch etwas Zeit. (Repro: Ralf Weinreich)

Leipziger Herbstmesse 1970. Vor dem Robur posieren der Maschinenbauminister Fritz Selbmann (Mitte) und der Generaldirektor der VVB Automobilbau Winfried Sonntag mit Mappe rechts daneben.

Ein Robur-Omnibus im Alltagseinsatz in Bitterfeld. Das Gepäck der Passagiere ist im Anhänger verstaut.

Die Motorenfertigung in Zittau glich eher einer Manufaktur denn einer Großserienfertigung.

Mit einem Antrieb von Robur aus Zittau: Dumper-Kipper Piccolo Max 4 von BMA Brandis aus dem Jahre 1967.

Die Robur-Baureihen 3000 und 2000

(Foto: Ralf Weinreich)

In Vorberichten über den neuen Dreitonner war zunächst von einem LO 2502 die Rede. Als 1972 die Nutzmasse auf rund drei Tonnen erhöht werden konnte, bekam das Modell jedoch die Bezeichnung LO 3000.

LO 3000

Äußerlich waren die Fahrzeuge an den geänderten Auftrittsbügeln zu erkennen. Der weiterhin flexibel ausgelegte Leiterrahmen wurde verstärkt, zugleich hatte man die »Fischbauchform« verlassen. Die Baureihe erhielt eine Kugelumlauflenkung und einen Unterdruck-Bremskraftverstärker, das Pritschenfahrzeug einen Bremsdruckregler für die Hinterachse. Fahrer und Beifahrer wurden mit modifizierten Sitzen aus der größeren LKW-Baureihe IFA W 50 verwöhnt. Die Leistung des Ottomotors war auf 75 PS gesteigert worden, um bei gleichbleibendem Normverbrauch die Fahrleistungen auch beladen zu sichern. Die Dieselmotorproduktion wurde vorerst eingestellt. »Otto - find' ich gut« lautete damals schon das Motto der NVA. Die Lieferungen waren nämlich überwiegend an die Armee gegangen, die an Dieselfahrzeugen kein Interesse zeigte. Der Fahrzeugpark basierte auf schweren Benzin-LKW sowjetischer Provenienz, die selbst in Sibirien liefen, solange man die Motoren über das Winterhalbjahr nicht abstellte. Da der Verzicht auf die weit wirtschaftlicheren Dieselmotoren für den Transportsektor jedoch unverantwortlich war und Arbeit in der DDR wenig kostete, gab es Baugenehmigungen für die Umrüstung auf polnische Ursus- und sowjetische Traktor-Dieselmotoren, wassergekühlt, teilweise mit drei Zylindern. Den Verzicht auf den Dieselmotor bei Robur merkte man in der Bevölkerung kaum: Umgangssprachlich nämlich war immer nur vom »LO« die Rede, wenn der Frontlenker-Robur gemeint war.

Auf der Leipziger Herbstmesse 1971 war das neue Fahrgestell mit dem verstärkten Leiterrahmen des kommenden 3-Tonnen-LO ausgestellt.

SEITE 312

Beurteilung Polski Fiat 125p mit Radialreifen

SEITE 318

Instandsetzungshinweise Wartburg 353

10 OKTOBER 1972

VEB VERLAG TECHNIK BERLIN

Postverlagsort 108 Berlin

Heftpreis 2,– M
Sonderpreis für die DDR 1,– M

KFT

Kraftfahrzeug technik

Die NVA (Nationale Volksarmee) der DDR hatte sich nach ihrer Gründung im Jahre 1956 zu einem Hauptabnehmer der kleinen Zittauer Laster entwickelt. Insbesondere Kofferaufbauten waren stark gefragt. (Foto: Ralf Christian Kunkel)

Um diese Zeit wurden die Feuerlöschgerätewerke aus dem Kombinat Anhänger und Spezialaufbauten ausgegliedert und auf andere Kombinate aufgeteilt. Mit dem VEB Feuerlöschgerätewerk Görlitz, hervorgegangen aus der 1864 gegründeten Firma G. A. Fischer, kam Robur so zu seinem Werk 7.

Mitte der 1970er Jahre bezeichnete der westdeutsche Kfz-Fachmann Werner Oswald die Baureihe noch immer als international konkurrenzfähig, urteilte aber kritisch über das starre Festhalten an der Luftkühlung. Schon 1960 hatte der Werksdirektor Dipl.-Ing. Langer einen kraftfahrzeughistorischen Artikel selbstironisch mit »Fanatiker der Luftkühlung« überschrieben. Tatsächlich stand diese Konzeption nie zur Diskussion, sondern wurde im Gegenteil gerade auf Exportmärkten mit tropischen Klimaverhältnissen nicht zu Unrecht als wesentlicher Vorteil herausgestellt.

Nach dem Erscheinen des LO 3000 und seinem Nachfolger 3001/3002 trat ein Entwicklungsstillstand ein, der bis zur Wende andauerte. Detail-Weiterentwicklungen beschränkten sich auf qualitätssichernde Maßnahmen und Sicherheitsnormen nach ECE-Standard wie dem hinteren Unterfahrschutz, schrittweise eingeführt ab 1977.

Immer wieder schien der Zittauer Fahrzeugbau vor dem Aus zu stehen. Als man dem treuen Abnehmer Tschechoslowakei signalisierte, demnächst nicht mehr liefern zu können, zog das Nachbarland innerhalb eines Jahres mit dem Avia eine Lizenzproduktion des Renault-Saviem hoch. Tatsächlich waren die Fertigungsbedingungen vorsintflutlich und Robur, verteilt über das ganze Stadtgebiet Zittaus, zu einem »Hüttenkombinat« heruntergekommen. Dennoch waren gerade die Robur-Techniker ihren Produkten besonders eng verbunden, auch wenn die Werke seit der Zerschlagung des Industriezweigs Kfz-Bau in Kombinate im Jahre 1977 völlig auf Verschleiß gefahren wurden und eine Vielzahl von Anlagen nur noch mit Sondergenehmigungen betrieben werden konnten.

Stahl- oder Holzpritsche (Foto) standen beim LO 3000 KF/Pr zur Auswahl.

Für die Leichtbau- und Stahlkofferwagen (Foto) konnten individuelle Türen- und Fensteranpassungen vorgenommen werden.

Der LO 3000 KF/L-Ko-Therm, der Isotherm-Kofferwagen, vorrangig für Lebensmitteltransporte.

Der LO 3000 Kastenwagen Fr M 3/K hatte ein Ladevolumen von 15 m^3, in das maximal 2600 kg geladen werden durften.

Eine der beliebtesten LO 3000-Varianten war das Mehrzweckfahrzeug Fr3-M/Mz mit maximal 11 Sitzplätzen und 7 m³ Laderaum.

Das Entstörfahrzeug für die Wasserwirtschaft, der LO 3000 A mit Zwillingsbereifung und Allradantrieb.

Ebenfalls mit Allradantrieb war der LO 3000 A FR 4/E ausgerüstet, das Bau- und Entstörfahrzeug für die Energiewirtschaft.

Sehr beliebt im In- und Ausland war auch der Reisebus auf LO 3000-Basis, den es in mehreren Ausstattungsvarianten gab. (Foto: Ralf Weinreich)

Beim Drehleiterfahrzeug LO 3000 KF/L 16 ließ sich die in Ganzstahl ausgeführte Leiter bis zu 16 m elektromechanisch ausfahren.

Das Kadaverfahrzeug mit Allradantrieb war zur Beladung mit einer Schrotleiter und einer Seilwinde mit 10 m langem Stahlseil ausgerüstet.

LD 3000

Erst 1981 erschien endlich der LD 3000, dessen Motor als Weiterentwicklung galt. Um die Unterdruck-Bremskraftverstärkung der Benziner beibehalten zu können, wurde er um eine Vakuumpumpe ergänzt, und der Gleichstromgenerator wich einem Drehstromgenerator.

Die Grenznutzungsdauer wurde gegenüber dem LO 3000 mit dem doppelten Wert angegeben. Der wiederentdeckte Dieselmotor wurde mit einer Nullserie anlässlich des X. Parteitages der SED gefeiert und die Verbrauchssenkung gegenüber dem Benziner um 7 Liter/100 km besonders herausgestellt. Die neun ausgefallenen Jahresproduktionen dieses Verbrauchswunders waren demgegenüber kein Thema. Der Anteil der Dieselausführungen an der Gesamtproduktion überwog nun schon bald.

Der weiterentwickelte Dieselmotor des LD 3000 war immer noch luftgekühlt und leistete 68 PS bei 2600 U/min.

Zu Beginn der 80er Jahre hatte Robur den Dieselmotor wiederentdeckt. Ein Prospekttitel von 1981.

IFA ROBUR LD-3000

Platós kocsi
KF/Pr

Nyomtáv elöl/hátul	1 560/1 530 mm	Oldalfalmagasság	400 mm
Keréktáv	3 025 mm	Önsúly	2 750 kg
Teljes hosszúság	6 075 mm	A plató rakodási magassága az úttesttől	1 180 mm
Teljes szélesség	2 405 mm	Üres súly	2 900 kg
Teljes magasság (vezetőfülke)	2 435 mm	Hasznos súly	2 900 kg
Teljes magasság (ponyvatartó)	2 985 mm	Megengedett teljes súly	5 800 kg
Rakfelület hosszúsága	3 800 mm	Megengedett tengelyterhelés, elöl	1 940 kg
Rakfelület szélessége	2 200 mm	Megengedett tengelyterhelés, hátul	4 100 kg

Von 1982 stammt dieser Prospekt in ungarischer Sprache. Obwohl der LO immer der »Ello« blieb, egal ob mit Otto- oder Dieselmotor, war die LD-Fertigung in den 80er Jahren deutlich in der Überzahl.

3001 / 3002 sowie Ableitungen 2002 / 2202

Schon 1978/79 war die Modellbezeichnung LD 3001 für ein neues Montageprojekt in Indonesien vergeben worden. Diese Fahrzeuge sollten neben einer Rechtssteuerung Dieselmotoren des westdeutschen Herstellers Deutz vom Typ 4FL 916 erhalten; das Vorhaben wurde jedoch nicht realisiert. Unabhängig davon ging in der DDR 1983 die Baureihe 3001 in Serie. Die Typenbezeichnung stand nun für neue Vorderfedern, darauf abgestimmte Stoßdämpfer sowie überarbeitete Achsgetriebe, wobei den genannten Bauteilen eine längere Lebensdauer attestiert wurde. Grundmodell war nun jedoch der 3002, bei dem kleinere, doch langlebigere Radialreifen auf Vollscheibenrädern die Diagonalreifen ersetzten. Das Spezialfahrzeug 2202 wurde üblicherweise mit Allradantrieb an die NVA und anfänglich an die Feuerwehr geliefert. Aber auch einige Exportländer waren an diesem Fahrzeug interessiert. Bald darauf ging man hier zur einfacheren Bezeichnung 2002 über.

Um 1983 weitete das Werk sein Programm unter dem Begriff »Safari« aus. Diese Fahrzeuge »zum Transport von Personen und Gütern auf befestigten und unbefestigten Wegen und im Gelände« – Grundtyp Mannschaftstransporter KF3/St-M IV – waren »geeignet für den universellen Einsatz in der Land- und Forstwirtschaft, bei geologischen Erkundungen und Expeditionen ...«. Safari war eine nette Marketing-Idee, hatte aber keine konkrete Bedeutung. Die angepriesene Anpassung an tropische Bedingungen und Kälteregionen war schon mit der Grundstruktur gegeben. Neu waren unter dieser Bezeichnung nur – teilweise schon vorher – als Extras lieferbare Zusatzausrüstungen für die meisten Aufbauvarianten wie ebene Frontscheiben für Straßen mit starkem Steinschlag, Dachluke, Geländereifen, Spezialstoßfänger vorn und Stoßbügel hinten zum Anschieben, Seilwinde, Benzin- bzw. Diesel-
Zusatzheizung für das Fahrerhaus, Suchscheinwerfer, Schutzgitter für Scheinwerfer und Blinkleuchten,

Mit überarbeitetem Fahrwerk gingen die Zittauer LKW ab 1983 mit den Modellbezeichnungen 3001 bzw. 3002 in die Serienproduktion.

zusätzliche Kraftstoffkanister. Das Mehrzweckfahrzeug konnte zu einem martialisch, aber durchaus attraktiv wirkenden Expeditionsfahrzeug hochgerüstet werden. Andererseits stand »Safari« nicht notwendigerweise für den Allradantrieb.

Ein Großversuch mit 50 LO 3000, pro Fahrzeug für DM (Ost) 12.000 auf Erdgasbetrieb umgebaut, endete als Flop. Kraftstoffknappheit führte sogar zu verschiedenen Holzvergaser-Versuchen. Diese Fahrzeuge versperrten aber, schon bald verteert, die Werkshöfe.

1986 wich der Kettenantrieb für Ventilsteuerung und Einspritzpumpe beim Dieselmotor einem Zahnradantrieb. 1988 wurde der 100. Jahrestag des Fahrzeugbaus in Zittau als Betriebsjubiläum gefeiert, doch die Moral der Beschäftigten war längst erschöpft.

1989 verlegte das Werk als letzte Modellpflege vor der Wende den Ölmessstab samt Einfüllstutzen beim Dieselmotor zur besseren Zugänglichkeit an die Stirnseite des Motors.

Das LO 3000-Fahrgestell mit Heckantrieb, Zwillingsbereifung hinten und Reifen der Größe 6.50-20.

Das Chassis des LO 2202 A mit Allradantrieb und vierfacher Bereifung der Größe 10-20/8 PR.

Ein in portugiesischer Sprache herausgebrachter Prospekt für den Allrad-LO 2202 A.

Der LO 2002 als Transport- und Zugfahrzeug der NVA. Mehr als alle anderen in der DDR produzierten Nutzfahrzeuge wurden die wendigen Zittauer der militärischen Nutzung im Osten zugeführt. (Foto: LutzBruno)

Heute eine absolute Rarität und nur noch selten anzutreffen: Ein LO 2002 mit sogenanntem »Stabskoffer«, auch »Schmetterling« genannt. Foto, links: Ralf Christian Kunkel, rechts: Ralf Weinreich)

Neben Polizei, Militär, Staatssicherheit, Grenztruppen und GST hatten viele Feuerwehren in der DDR mit dem LO 2002 A ein Robur-Fahrzeug in ihrem Fuhrpark.

Nach 1983 startete Robur die »Safari-Baureihe«, die auf einer Pritschenversion basierte, die sowohl mit Hinterrad- als auch mit Allradantrieb geliefert werden konnte.

IFA
mobile
DDR

Mit den Safari-Typen versprachen sich Robur und der DDR-Außenhandel steigende Exportzahlen, vor allem in die damalige Dritte Welt, also nach Zentralasien, Afrika, dem Mittleren Osten und Lateinamerika.

Der Grundtyp der Safari-Reihe war der LD 2002 AKF 3/ St-M IV, dessen eindeutig militärischer Charakter nicht zuletzt an der Ausstiegsluke zu erkennen war. ⇦

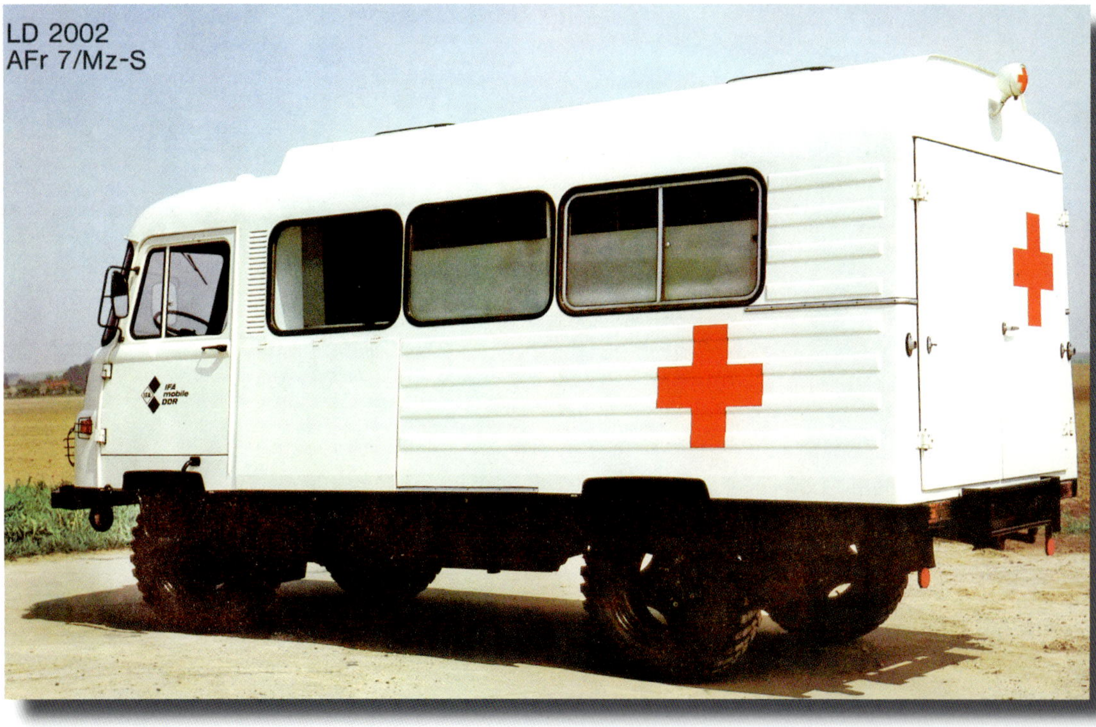

In der Reihe der Safari-Modelle nahmen die Mehrzweckfahrzeuge die wichtigste Position ein und erreichten als Ambulanz einen hohen Exportanteil.

Das Safari-Mehrzweckfahrzeug war auch für militärische Zwecke in der DDR interessant, wie hier für die GST (Gesellschaft für Sport und Technik – die vormilitärische Jugendorganisation der DDR).

Zahlen und Fakten

Der Exportanteil an der Gesamtproduktion war von 0,2 (1950) über 44,2 % (1954) und 52,6 % (1958) auf ca. 60 % (1960) gesteigert worden. Dabei war das Werk um den entsprechenden Service bemüht und schickte auf einige Exportmärkte Kundendienstmonteure zur Betreuung der Fahrzeuge und zur Schulung des Werkstattpersonals. Die Werksphilosophie besagte, neben der Lieferung von Qualität durch Dienst am Kunden die Einsatzbereitschaft und Betriebssicherheit der Fahrzeuge zu sichern. Es wurde unter anderem in folgende Staaten und Gebiete geliefert: Ägypten, Äthiopien, Albanien, Angola, Belgien, Bulgarien, Burma, Volksrepublik China, Dänemark, Bundesrepublik Deutschland (der Braunschweiger Importeur übernahm allein 3000 KF Abschleppwagen und 1000 Garant für den Weiterexport in eigener Regie), Finnland, Griechenland, Indonesien, Irak, Island, Jugoslawien, Nordkorea, Kuba, Luxemburg, Mongolei, Niederlande, Nikaragua, Norwegen, Österreich, Polen, Portugiesisch-Westafrika, Rumänien, Schweden, Sowjetunion, Syrien, Tschechoslowakei, Türkei, Ungarn, Vereinigte Arabische Republik (Ägypten-Syrien) und Nordvietnam – bis 1960 in 41 Staaten. Auch auf der Genfer Automobilausstellung war man zeitweise vertreten. Bis 1989 gingen etwa weitere 25 % der gesamten Zittauer Fahrzeugproduktion an die NVA, so dass zeitweise nur ganze 15% der Produktion der Binnenwirtschaft zur Verfügung gestanden haben. Tatsächlich sah man Fahrzeuge in Zivilausführung in der DDR gar nicht so häufig. Seit den sechziger Jahren bestand der VEB Robur aus fünf Werken mit zuletzt etwa 13 Betriebsteilen.

Aufbauten der 3. Fahrzeuggeneration	
Kurzbezeichnung	**Bauart**
KF	Fahrgestell mit Fahrerhaus (Radstand 3025 mm oder 3270 mm)
KF/Pr und KF/Pr I	Pritschenfahrzeug
KF/S-Pr	Pritschenfahrzeug Sonderausführung kurz für Allradantrieb
KSF/S-Pr	Pritschenfahrzeug Sonderausführung kurz mit Seilwinde
KF I/Pr I, KF I/Pr II und KFU/Pr (LD 3004)	Holzpritschen-Fahrzeuge
KFU/Pr I (LD 3004)	Holzpritschen-Fahrzeug mit Aufsteckgatter
KF I/St-Pr I und KF I/St-Pr II	Stahlpritschen-Fahrzeuge
KFU/PrAl (LD 3004)	Pritschenfahrzeug mit Aluminium-Bordwänden
KF 2/Ki 3-I	Dreiseiten-Kipper
KF 2/Ki-I und KF/Ki 3-I	Dreiseiten-Kipper mit Bordwandhöhe 375 mm
KF 2/Ki-II und KF/Ki 3-II	Dreiseiten-Kipper mit Bordwandhöhe 575 mm
KFU 4/ARK 31 (LD 3004)	Abrollkipper
KF 3/M IV	Mannschafts-Holzpritschen-Fahrzeug
KF3/St-M IV	Mannschafts-Stahlpritschen-Fahrzeug
KF/L 16 A, KF/DL 16 und KFU 4/DL 16 (LD 3004)	Drehleiter-Fahrzeug, 16-m-Stahlleiter
KF/L 12 B	Drehleiter-Fahrzeug, 12-m-Stahlleiter
KF/L 12 C	Drehleiter-Fahrzeug, 12-m-Holzleiter
KF/Ko	Kofferfahrzeug Normalausführung / Fensterausführung
KF/St-Ko, KF/St-Ko IV und KFU/St-Ko (LD 3004)	Stahl-Kofferfahrzeug
KF/St-Ko II und KFU/St-Ko II (LD 3004)	Stahl-Kofferfahrzeug mit zusätzlicher Seitentür
KF/St-Ko III	Stahl-Kofferfahrzeug mit Radkästen
KF/L-Ko	Leichtbau-Kofferfahrzeug
KFU/IK (LD 3004)	Isolier-Kofferfahrzeug
KF/L-Ko-Therm und KFU/L-Ko-Therm (LD 3004)	Isotherm-Kofferfahrzeug
KFU/St-Ko-B II (LD 3004)	Brot-Kofferfahrzeug
KFU/KK (LD 3004)	Kühl-Kofferfahrzeug mit Kühlanlage
KF/LAK (LO 2002)	Sanitätsfahrzeug und Feldküche
KF/Kad	Kadaver-Transportfahrzeug
KF/Typ II A	Krankentransportfahrzeug (Allradantrieb)
KF/LF 8-TS 8	Löschgruppenfahrzeug
KF/LF 8-TLF	Tanklöschfahrzeug
KF/LF 8-LKW	Materialtransportwagen
KF/LF 8-SKW	Schlauchkraftwagen
KF/LF 8-MTW	Mannschaftstransportwagen
KF/LF 8-GW	Gerätewagen
KVU/Pr/V (LD 3004)	Bautruppenfahrzeug
Fr 2-M/B 14	Reisebus in Luxusausführung, 13 + 1 Sitze
Fr 2-M/B 15	Reisebus in Luxusausführung, 14 + 1 Sitze
Fr 2-M/B 18	Reisebus, 17+1 Sitze
Fr 2-M/B 21 und Fr M 2/B 21	Reisebus, 20 + 1 Sitze
Fr M 5/Mz 20	Bus 19 + 1 Sitze

(Foto: Ralf Weinreich)

MEHRZWECKWAGEN
LO 3000 Fr 3 – M / Mz

TECHNISCHE DATEN

LO 3000
ROBUR

Spurweite vorn/hinten	1560/1530 mm
Radstand	3270 mm
Gesamtlänge	6400 mm
Gesamtbreite	2405 mm
Gesamthöhe	2750 mm
Laderaumlänge (bei 11 Sitzplätzen)	2060 mm
Laderaumbreite	1970 mm
Laderaumhöhe	1680 mm
Eigen-(Steuer-)Masse	3250 kg
Leermasse	3350 kg
Nutzmasse	2350 kg
Zulässige Gesamtmasse	5700 kg
Zulässige Achslast vorn	1940 kp
Zulässige Achslast hinten	3880 kp

LD/LO 3000

					ECE-Reg.	
ALB	II	∴	U W		LD 9 24 28	LO 9 10 15 28
K	LD-2	LO-3	AH	K		

KF Fahrgestell mit Fahrerhaus
dient außer den abgebildeten Fahrzeugtypen für andere zweckdienliche Spezialaufbauten unter Regie des Kunden.

KF Chassis with driver's cab
used for both the vehicle types illustrated and for special custom bodies.

KF шасси с кабиной
служит как для представленных типов транспортных средств, так и для других целесообразных специальных кузовов по желанию покупателей

Aus unserem Produktions-programm

From our production

LD/LO 2202

A	G				
ALB	I	∴	UV		
K	LD-2	LO-3	AKSF	AH	K

AKF/SPr Pritschenfahrzeug
ausgerüstet mit Allradantrieb. Vorwiegend einsetzbar in der Land- und Forstwirtschaft, bei Expeditionen und ähnlichen Forschungsaufgaben.

AKF/SPr Platform lorry
equipped with four-wheel drive. Mainly for use in agriculture and forestry, on expeditions and for similar research work.

AKF/SPr грузовой автомобиль с платформой,
оснащен приводом на все колеса. Особенно применим в сельском и лесном хозяйстве, для экспедиций и при проведении подобных научно-исследовательских задач.

LD/LO 3000

					ECE-Reg.	
A	G					
ALB	II	∴	U W		LD 9 24 28	LO 9 10 15 28
K	LD-2	LO-3	AH	K		

AKF/St-Ko II Stahlkofferfahrzeug
Ein Spezialfahrzeug mit Allradantrieb aus unserem Kofferfahrzeugsortiment.

AFK/St-Ko II Steel box van
a special vehicle with four-wheel drive from our box van range.

AKF/St-Ko II стальной автофургон,
специальное транспортное средство с приводом на все колеса из нашего ассортимента автофургонов.

LD/LO 3000

				ECE-Reg.	
ALB	II	••	U W	LD 9 24 28	LO 9 10 15 28
K	3	AH	К		

KF/Pr Pritschenfahrzeug
mit oder ohne Spriegelgestell und Plane. Der vielseitige Transporter für alle Zweige der Wirtschaft.

KF/Pr Platform lorry
with or without tarpaulin and frame. The versatile lorry with all branches of industry.

KF/Pr грузовой автомобиль с платформой,
с каркасом дуги тента, с тентом и без них. Многосторонний грузовой автомобиль малой грузоподъемности для всех отраслей хозяйства.

LD/LO 3000

				ECE-Reg.	
A	G				
ALB	II	••	U W	LD 9 24 28	LO 9 10 15 28
K	3	AH	К		

AKF/Pr Pritschenfahrzeug
mit oder ohne Spriegelgestell und Plane. Für Fahrten in unwegsames Gelände mit Allradantrieb ausgerüstet.

AKF/Pr Platform lorry
with or without tarpaulin and frame. Equipped with four-wheel drive for cross-country use.

AKF/Pr грузовой автомобиль с платформой,
с каркасом дуги тента, с тентом и без них. Для езды по бездорожной территории оснащен приводом на все колеса.

LD/LO 3000

					ECE-Reg.	
ALB	II	••	U W		LD 9 24 28	LO 9 10 15 28
K	LD-2	LO-3	AH	К		

KF/L-Ko Leichtbaukofferfahrzeug
Der moderne Transporter zur Beförderung von Industriewaren und Nahrungsgütern.

KF/L-Ko Lightweight box van
the modern way to transport industrial goods and foodstuffs.

KF/L-Ko автофургон облегченной конструкции,
современный грузовой автомобиль малой грузоподъемности для транспортировки промышленных и пищевых товаров.

LD/LO 3000

					ECE-Reg.	
ALB	II	••	U W		LD 9 24 28	LO 9 15 28
K	LD-2	LO-3	AH	К		

KF/L-Ko-Therm Isothermkofferfahrzeug
Spezialfahrzeug für den Transport von leicht verderblichen oder vorgekühlten Nahrungsgütern.

KF/L-Ko-Therm Insulated box van
a special vehicle for transporting perishable or frozen food.

KF/L-Ko-Термоизотермический автофургон,
специальное транспортное средство для транспортировки скоропортящихся или предварительно охлажденных пищевых товаров.

LD/LO 3000

ALB	⟨II⟩	⟨••⟩	⟨U⟩ W	ECE-Reg. LD	ECE-Reg. LO
⊿ K	3	AH	ж	9, 24, 28	9, 10, 15, 28

KF/Pr I Pritschenfahrzeug
mit Einsteckspriegel und Plane sowie erhöhten Bordwänden. Besonders geeignet für den Stückgutverkehr.

KF/Pr I Platform lorry
with removeable tarpaulin frame, tarpaulin, and increased height of sides. Especially suitable for parcels traffic.

KF/Pr I грузовой автомобиль с платформой,
с вставными дугами тента и тентом, а также с повышенными бортами. Особенно пригоден для перевозки штучного груза.

LD/LO 3000

ALB	⟨II⟩	⟨••⟩	⟨U⟩ W		ECE-Reg. LD	ECE-Reg. LO
⊿ K	LD-2	LO-3	AH	ж	9, 24, 28	9, 10, 15, 28

KF/St-Ko II Stahlkofferfahrzeug
zum vielseitigen Einsatz in allen Zweigen der Wirtschaft.

KF/St-Ko II Steel box van
for all sorts of uses in all branches of industry.

KF/St-Ko II стальной автофургон,
для многостороннего применения во всех отраслях хозяйства.

LD/LO 3000

					ECE-Reg.	
ALB	M	II	LD	LO	LD 24 28	LO 9 10 15 28
L	max. 11	FH	K	AH		

Fr 3-M/Mz Mehrzweckfahrzeug
Das vielfach bewährte Fahrzeug für die kombinierte Personen- und Lastenbeförderung.

Fr 3-M/Mz Multi-purpose vehicle
the proven vehicle for carrying both passengers and loads.

Fr 3-M/Mz универсальное транспортное средство,
многократно оправдавшее себя транспортное средство для комбинированной транспортировки пассажиров и грузов.

LD/LO 2002

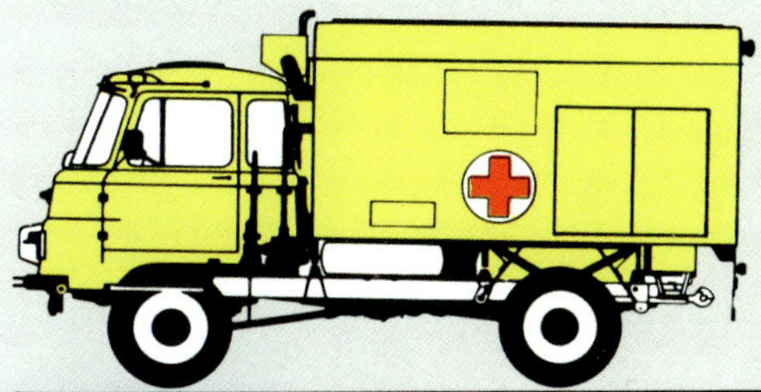

A	G			
I		UV		
K	LD-2	LO-4	AH	FH

AKF/Typ II A Krankentransportfahrzeug
Spezialfahrzeug mit Allradantrieb für den Transport von Kranken und Geschädigten aus schwierigem Gelände. Mit 6 Tragen.

AKF/Typ II A Ambulance
a special vehicle with four-wheel drive for transporting the sick and injured over difficult terrain. With 6 stretchers.

AKF/тип II A санитарное транспортное средство
Специальное транспортное средство с приводом на все колеса для перевозки больных и потерпевших аварию лиц из тяжелой местности. С 6-ю носилками.

LD/LO 3000

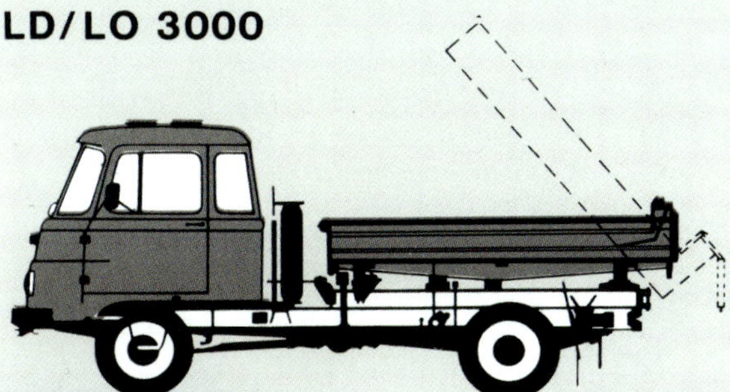

			ECE-Reg.	
A	G			
ALB	II		LD 24 28	LO 15 28
K	2	AH		

AKF 2/Ki 3 – I Dreiseitenkipper
Spezialfahrzeug mit Allradantrieb für den Schüttguttransport im Kurzstreckeneinsatz.

Three-way tipper
LD 3000 AKF 2/Ki 3 – I three-way tipper.
All wheel driven special vehicle for short-distance bulk material transport.

AKF 2/Ki 3 – I самосвал с трехсторонним опрокидыванием
специальный автомобиль с приводом всех колес для транспортировки насыпных грузов с применением на короткие расстояния

LO 3000

			ECE-Reg.	
II		D		LO 15 28
K	3	AH		

KF/DL 16 Drehleiterfahrzeug
für den Einsatz bei Montage- oder Reparaturarbeiten an Strom- und Beleuchtungsanlagen und anderen Objekten. Leiterbetätigung: elektromechanisch.

KF/DL 16 Turntable-ladder vehicle
for use in installation and repair work on power and lighting systems and elsewhere. Electromechanically operated ladder.

KF/DL 16 транспортное средство с вращающейся лестницей
для применения при монтажных и ремонтных работах в токовых и советительных установках, а также на других объектах.
Управление лестницей: электромеханическое.

LD / LO 3000

					ECE-Reg.	
(M)	(II)	(•)	LD ALB	LO D	LD 24 28	LO 9 10 15 28
(L)	FH	AH	K			

Fr 2-M/B 21 Omnibus
zur Beförderung kleinerer Reisegruppen bis zu 20 Personen.

Fr 2-M/B 21 Omnibus
to carry up to 20 passengers.

Fr 2-M/B 21 автобус
для транспортировки небольших групп пассажиров до 20 лиц.

LD / LO 3000

					ECE-Reg.	
(U)						
ALB	(M)	(II)	LD (••)	LO (••)	LD 24 28	LO 9 10 15 28
(L)	2	AH				

Fr 3-M/K Kastenwagenfahrzeug
zum Transport wertvoller und empfindlicher Waren.

FR 3-M/K Box van
for carrying valuable and fragile goods.

Fr 3-M/K автомобиль-фургон
для транспортировки ценных и чувствительных товаров.

LD / LO 3000

				ECE-Reg.	
(A)	(G)				
(II)	(••)	ALB		LD 24 28	LO 15 28
(K)	LD-2	LO-3	AH		

AKF/Kad. Kadaverfahrzeug
mit Allradantrieb, zum hygienischen Abtransport von Tierkadavern.

AKF/Kad. Carcass removal vehicle
with four-wheel drive, for hygienic removal of animal carcasses.

AKF/Kad транспортное средство для трупов
с приводом на все колеса, для гигиенической перевозки трупов животных.

LO 2002

(A)	(G)		
(I)	(••)	UV	
(K)	2+8	AH	FH

AKF/LF 8-TS 8 Feuerlöschfahrzeug
mit Allradantrieb, zur Bekämpfung von Bränden und Katastrophen. Ausgerüstet mit Vorbaupumpe und Tragkraftspritze.

AKF/LF 8-TS 8 Fire-fighting vehicle
with four-wheel drive, for fire-fighting and emergencies. Equipped with front-mounted pump and portable power hose.

AKF/LF 8-TS 8 пожарный автомобиль
с приводом на все колеса, для борьбы с пожарами и катастрофами. Оснащен пристраиваемым насосом с мощным пожарным насосом.

In Eigenregie baute eine Freiwillige Feuerwehr in der CSSR ein LF-8-ähnliches Einsatzfahrzeug auf diesem LO 2500 »Mehrzweckfahrzeug für kombinierten Personen- und Lastentransport« auf.

Als Aussichtsbus wurde dieser LO 2500 in der ehemaligen CSSR konzipiert und gebaut. (Foto: Ralf Weinreich)

Der Safari-Robur mit Kofferaufbau war in jedem Land für militärische Zwecke von Interesse. Viele dieser Fahrzeuge gingen in den Irak.

Aufgrund seiner Wendigkeit war der Robur das ideale Lieferfahrzeug. (Foto: Ralf Weinreich)

Dem Ladengeschäft auf der anderen Straßenseite nach zu urteilen (Friseur mit Maniküre und Pediküre), entstand dieses Foto eines LD 3000 mit Stahlkofferaufbau in einem postsowjetischen Land.

Die Zukunft fand nicht statt

(Foto: Ralf Weinreich)

1972 hatten Robur, der VEB Automobilwerk Ludwigsfelde und der VEB Motorenwerk Cunewalde eine Kooperation ins Leben gerufen, die zu neuen LKW-Baureihen mit flüssigkeitsgekühlten Vier- und Sechszylindermotoren sowie Einheitsfahrerhäusern führen sollte, aus Zittauer Sicht also zum Nachfolger des LO 3000 und seinen Allradversionen. Die leistungsfähigeren Fahrzeuge sollten den gestiegenen Forderungen des Binnenmarktes entsprechen und im Export die Weltmarktfähigkeit sichern.

O 611 / D 609

Mit ihren gewagt gestylten Fahrerhäusern waren die Baumuster typisch für die sogenannte 4. Erzeugnisgeneration der DDR-Fahrzeugindustrie. Man hatte sich hierzu gründlich Gedanken gemacht. Formgestalter wie das Duo Clauss Dietl & Lutz Rudolph sowie Studenten der Fachhochschule für Formgestaltung Heiligendamm hatten etliche Entwürfe angefertigt. Man war optimistisch, denn die frühen Honecker-Jahre ließen nach der Ulbricht-Epoche Neues möglich erscheinen.

Dabei widersprachen die Entwürfe für den Robur O 611 bzw. den D 609 und für das Parallelmodell IFA L 60 in der geplanten Form allen bisherigen

Mit Dieselmotor: Der Robur D 609 Kofferwagen.

Bei Nutzfahrzeug-Neuentwicklungen in der DDR spielte die Verwendung für militärische Zwecke immer eine wichtige Rolle. Dafür wäre der Robur O 611 mit absetzbare Pritsche und Allradantrieb gedacht gewesen.

Die beiden Neuen: Robur D 609 Omnibus und O 611 Pritschenwagen im trauten Beieinander auf einem zeitgenössischen Werbefoto. (Foto: Smlg. G. Bragulla)

Gepflogenheiten. Vermutlich hätte man sich an die eigenwilligen Formen gewöhnt, wenngleich diese Autos die internationalen Entwicklungstendenzen nicht wesentlich beeinflusst hätten. Die dreisitzigen, kippbaren Einheits-Fahrerhäuser der neuen Robur sollten mit den Presswerkzeugen des neuen IFA L 60 hergestellt werden, welche die Handschrift von Dietl & Rudolph trugen. Die Entwürfe wurden im VEB Karosseriewerk Halle realisiert.

In dieser »wilden Zeit« im VEB WTZ (Wissenschaftlich-Technisches Zentrum) für Automobilbau in Hohenstein-Ernstthal zog man sogar Kreiskolbenmotoren im LKW-Bau in Erwägung. Doch dann entschied man sich für einen neuen Sechszylinder-Ottomotor in V-Form des VEB Motorenwerk Cunewalde (3357 cm³, 105 PS),der in Verbindung mit einem Sechsgang-Vollsynchrongetriebe den O 611 über einen Hypoid-Achsantrieb antreiben sollte. 1975 existierte ein geschlossenes Konzept der LKW-Bau-

In den Fahrzeugentwürfen bis Mitte der 1970er Jahre dominierte eindeutig der Dieselmotor. Wie hier im D 609 Mehrzweckfahrzeug…

reihen O 611/D 609 bzw. L 60, das in Ludwigsfelde, Zittau und Halle zum Erprobungsabschluss gekommen war. Die zukünftigen Robur-Fahrzeuge sollten auch eine Reihe von Fahrgestell-Komponenten mit der Ludwigsfelder Baureihe teilen. Intern stand der Zeitplan für die Einführung bereits fest.

Da aber Mittel für die erforderlichen Investitionen, vor allem für die standardisierte moderne Fahrerhaus-Fertigung, nicht zur Verfügung standen, musste die bereits begonnene Überleitung in die Serienproduktion abgebrochen werden. Einmal mehr waren hohe Entwicklungskosten verschwendet worden. Die Ingenieure hatten zwar Erfahrungen gesammelt; ihre Arbeit und ihr Engagement verpufften aber im Nichts.

Ende der achtziger Jahre legte das Werk eine Konzeption für die zukünftige LKW-Produktion in Zittau vor und bezifferte das Investitionsvolumen für die Entwicklung eines L 40 und die notwendigen Produktionsanlagen auf rund eine viertel Milliarde Mark. Berlin antwortete nicht einmal darauf…

…und im D 609 Omnibus.

1977 wurde aus der O 611-Reihe heraus sogar ein Feuerwehr-Prototyp LF 16-TS 8 mit Allradantrieb aufgebaut.

Vergleichsweise: Hier lassen sich die Unterschiede zwischen der alten und neuen Kabine recht gut erkennen. (Foto: Smlg. G. Bragulla)

Ob die Einstiegssituation beim 611er wirklich besser war, bleibt dahingestellt. (Foto: Smlg. G. Bragulla)

3003 und Ableitung 2003

Der FD 3003 sollte unter einem Kipp-Fahrerhaus einen flüssigkeitsgekühlten Sechszylinder-Diesel aus Cunewalde erhalten. Mitte der Achtziger Jahre wurde die Weiterentwicklung der mittlerweile veralteten dritten Fahrzeuggeneration unter maßgeblicher Mitarbeit des VEB IFA Motorenwerk Nordhausen zum LD 3003 bzw. zur Allrad-Variante LD 2003 A angeordnet. Die Funktionsmuster-Erprobung wurde im April 1989 abgeschlossen. Der Dieselmotor mit Direkteinspritzung wurde anlässlich der Leipziger Herbstmesse 1989 präsentiert und sollte zum Modelljahr 1990/91 in die Serienproduktion übergehen. Die Leistung betrug unverändert 75 PS, das maximale Drehmoment 235 Nm, die Kraftstoffeinsparung wurde mit 10 bis 20 % angegeben. Mit einhergehen sollten ein neues Getriebe sowie ein neuer Achsantrieb. Ferner wurden asbestfreie Bremsbeläge, eine Teilkapselung des Motors und die generelle Einführung einer Standheizung angekündigt. Der bisherige Wirbelkammermotor sollte daneben für verschiedene Einsatzzwecke weitergebaut werden. Doch die »Wende« verhinderte den Serienanlauf.

LD 3004

Als Treuhand-Betrieb erhielt Robur 1990 die Rechtsform einer GmbH. Der neue Name lautete nun »Robur-Werke GmbH«. In geringer Stückzahl entstanden jetzt Fahrzeuge der Baureihe LD 3004 mit luftgekühlten Deutz-Motoren. Viele Jahrzehnte lang hatten Phänomen und Robur die Luftkühlung propagiert und dafür gute Argumente gehabt: Die Betriebstemperatur wird schneller erreicht (Grundbedingung für sparsamen Kraftstoffverbrauch), man verfügt über ein besseres Kaltstartvermögen, es gibt weder Kühler noch Wasserpumpe, es entfällt das Abdichten vielverzweigter Kühlwasserräume, einzeln stehende Zylinder sind anspruchsloser in Betrieb und Wartung, man spart Gewicht und Platz, und schließlich sind auch Reparaturen schneller und billiger durchzuführen.

Die Verfechter der Luftkühlung in Zittau hatten nun mit Deutz einen Produzenten luftgekühlter Vierzylinder-Dieselmotoren mit zeitgemäßer Direkteinspritzung. In der Werbung stellte man vor allem die günstigen Geräusch- und Schadstoffwerte der Deutz-Power heraus. Die Fahrerhäuser erhielten voluminösere Vorbauten, die Stoßfänger Rechteck- oder Doppelscheinwerfer. Die unveränderten Fensterflächen erschienen durch breite, schwarze Umrandungen größer. Mit geringem Aufwand hatten die Fahrzeuge durch diese Retuschen ein gestreckteres Erscheinungsbild bekommen. Doch die wenigen Fahrzeuge blieben Exoten und fanden praktisch nur lokale Verbreitung.

Der Betrieb ging 1991 in Liquidation. Die Beschäftigtenzahl war von 5700 auf 2700 gesunken. 1992 wurde die Produktion schließlich eingestellt. Fahrzeuglieferungen in Entwicklungsländer, in das Baltikum und die Russische Föderation konnten ebenso wenig realisiert werden wie eine geplante Produktionsaufnahme in Litauen. Das Werk 3 in Bautzen (vorm. August Nowak AG) wurde im Juni 1992 aufgelöst. Am Standort des Werkes 7 entstand die Brandschutztechnik Görlitz GmbH.

1996 erwarb die Robur-Fahrzeug-Engineering Zittau GmbH die Konstruktionsrechte, den kompletten Maschinen- und Ausrüstungspark sowie die Ersatzteilbestände. Ihr Geschäftsgegenstand war die Übernahme von Konstruktionsleistungen im Fahrzeugbau, Umrüstung von Robur-Fahrzeugen, Service- und Reparaturleistungen für LKW und die Ersatzteilversorgung für Robur-Fahrzeuge.

Eines der seltenen Funktionsmuster des LD 3003, das Ende der 1980er Jahre tausende Testkilometer mit einem neuen Sechszylinder-Dieselmotor abspulte. (Foto: Michael Diestelbruch)

Angesichts des mit der alten Kabine doch recht schlüssig wirkenden LD 3004 fragt man sich heute ob die neue Frontkosmetik wirklich nötig war, – es war wohl mehr der Mut der Verzweiflung (Foto: Ralf Weinreich)

Einer der seltenen robur LD 3004 mit noch seltenerem Abrollaufbau. (Foto: Ralf Weinreich)

Alt aber bezahlt: Bei einem Handwerker war diese vom Alltag gezeichnete Doppelkabine noch lange im Einsatz. Vielleicht ist sie es immer noch? (Foto: Ralf Weinreich)

Die Deutz-Power war offensichtlich ebenso langlebig wie die alten Cunewalder Dieselmotoren. Ein robur LD 3004 mit Holzpritsche im Jahre 2020 im täglichen Einsatz. (Foto: LutzBruno CC BY-SA 4.0)

Technische Daten

(Foto: Ralf Weinreich)

Typ	Phänomen Granit 27	Phänomen Granit 30 K (1956 Phänomen Garant 30 K, ab 1957 Robur Garant 30 K)	Phänomen Granit 32 (1956 IFA Phänomen Garant 32, ab 1957 Robur Garant 32)
Bauart	Hauben-LKW, -KOM	Hauben-LKW, -KOM	Hauben-LKW
Motor			
Typ	Granit 27	Granit/Garant 30 K	Granit/Garant 32
Arbeitsweise	luftgekühlter Viertakt-Otto-Motor		
Zylinderzahl	4		
Bohrung/Hub (mm)	85/118	90/118	90/125
Hubraum (cm³)	2678	3000	3181
Leistung (PS bei U/min)	47 (ab 1950: 50/2800)	55/2600	52/2600
Drehmoment (mkg bei U/min)	16/1500	18/1800	16,2/2000
Kraftübertragung			
Antrieb	Hinterachse oder Allrad		
Kupplung	Einscheiben-Trockenkupplung		
Getriebe	unsynchronisiertes Viergang-Getriebe		
Fahrwerk			
Rahmen	U-Profil		
Achsen vorn/hinten	Starrachsen vorn u. hinten		
Federung vorn/hinten	Blattfedern vorn u. hinten		
Dämpfung vorn/hinten	Reibungsstoßdämpfer vorn u. hinten		
Bereifung vorn/hinten	6.50-20/6.50-20 (bei Hinterachsantrieb hinten doppelt		
Allgemeine Daten			
Länge/Breite/Höhe (mm)	Pritsche 5490 (lang 5990)/1980/2085, KOM 6090/2080/2650	Pritsche 5500 (lang 6000)/1990/2150, KOM 6100/2080/2650	Pritsche 5500 (lang 6000)/1990/2150
Radstand (mm)	3270 (lang und KOM 3770)		
Leermasse (kg)	2070 (lang 2100, KOM 2630)	2220 (lang 2250, KOM 2780)	2440 (lang 2470)
Nutzmasse (kg	1500 (ab 1951 2000), Allrad 1000	1950, Allrad 1000 1950, Allrad 1000	
V max. (km/h	80		
Bauzeit	1950-1953	1953-1961	1953-1961
Stückzahl	3.820	43.750 (mit Typen 32)	43.750 (mit Typen 30)

Ein Garant 30 K mit Allradantrieb als Rettungswagen mit Sanitätskofferaufbau.

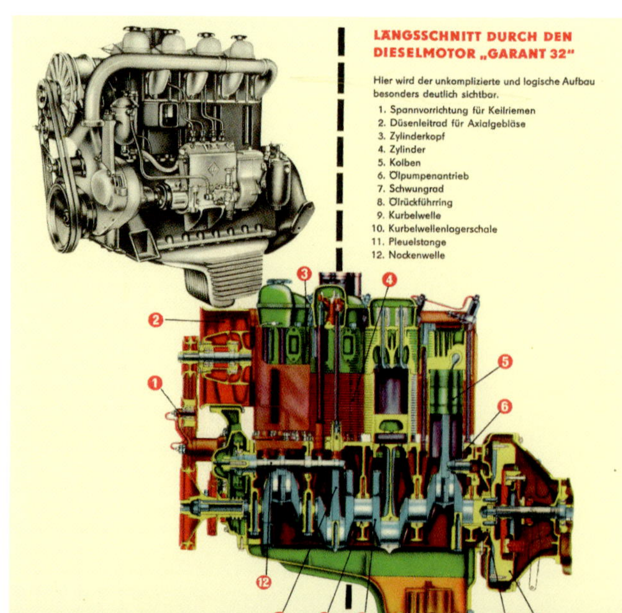

Typ	Robur LO 2500	Robur LO 1800	Robur LD 2500/1800	Robur LO 2501/1801	Robur LD 2501/1801
Bauart	**Frontlenker-LKW, -KOM**				
Motor					
Typ	Garant 30 K (ab 1960 LO 4)	LO 4	4 KVD 12,5 SRL	LO 4/1	4 KVD 12,5/10 SRL
Arbeitsweise	luftgekühlter Viertakt-Otto-Motor				luftgekühlter Viertakt-Die-sel-Motor
Zylinderzahl	4				
Bohrung/Hub (mm)	90/118 (ab 1960 95/18)	95/118	100/125	95/118	100/125
Hubraum (cm³)	3000 (ab 1960 3345)	3345	3927	3345	3927
Leistung (PS bei U/min)	60/2800 (ab 1960 70/2800)	70/2800	70/2600	70/2800	70/2600
Drehmoment (mkg bei U/min)	18,4/1600 (ab 1960 22/1900)	22/1900	22/1700	22/1900	22/1700
Kraftübertragung					
Antrieb	Hinterachse oder Allrad				
Kupplung	Einscheiben-Trockenkupplung				
Getriebe	teilsynchronisiertes Fünfgang-Getriebe				
Fahrwerk					
Rahmen	U-Profil				
Achsen vorn/hinten	Starrachse vorn u. hinten				
Federung vorn/hinten	Blattfeder vorn u. hinten				
Dämpfung vorn/hinten	Teleskopstoßdämpfer vorn u. hinten				
Bereifung vorn/hinten	6.50-20 (hinten doppelt)	6.50-20	6.50-20 (bei LD 2500 hinten doppelt)	6.50-20 (bei LO 2501 hinten doppelt)	6.50-20 (bei LD 250 hinten doppelt)
Allgemeine Daten					
Länge/Breite/Höhe (mm)	Pritsche 6175/2385/2440, KOM 6470/2250/2565 (ab 1960 6490/2365/2565				
Radstand (mm)	3025 (KOM 3270)				
Leermasse (kg)	LO 2500 u. 2501: 2600 (KOM 3600), LD 2500 u. 2501: 2875				
Nutzmasse (kg)	2600	1875	2525 (LD 1800: 1800)	2600 (LO 1801: 1875)	2525 (LD 1801: 1800)
V max. (km/h)	80 (ab 1965: 85)	85	80	85	80
Bauzeit	1958-1968	1960-1968	1963-1968	1968-1974	1968-1974
Stückzahl	alle LO/LD 1958-1974: 67.750				

Typ	Robur LO 3000	Robur LO 2002/2202	Robur LO 3001/3002
Bauart	Frontlenker-LKW, -KOM	Frontlenker-LKW, -KOM	Frontlenker-LKW, -KOM
Motor			
Typ	LO 4/2	LO 4/2	LO 4/2
Arbeitsweise	luftgekühlter Viertakt-Otto-Motor		
Zylinderzahl	4		
Bohrung/Hub (mm)	95/118	100/125	102/125
Hubraum (cm³)	3345	3345	3345
Leistung (PS bei U/min)	75/2800	75/2800	75/2800
Drehmoment (mkg bei U/min)	23/1800	23/1800	23/1800
Kraftübertragung			
Antrieb	Hinterachse oder Allrad (A-Modelle)		
Kupplung	Einscheiben-Trockenkupplung		
Getriebe	teilsynchronisiertes Fünfgang-Getriebe		
Fahrwerk			
Rahmen	U-Profil		
Achsen vorn/hinten	Starrachse vorn u. hinten		
Federung vorn/hinten	Blattfedern vorn u. hinten		
Dämpfung vorn/hinten	Teleskopstoßdämpfer vorn u. hinten		
Bereifung	6.50-20 (hinten doppelt)	6.50-20	6.50-20 (hinten doppelt)
Allgemeine Daten			
Länge/Breite/Höhe (mm)	Pritsche 6075/2404/2490; KOM 6800/2404/2800	5400/2404/2550	Pritsche 6075/2404/2490; KOM 6800/2404/2800
Radstand (mm)	3025 (KOM 3270)		
Leermasse (kg)	2600 (KOM 3600)	2800	2600 (KOM 3600)
Nutzmasse (kg)	3100	2700	3100
V max. (km/h)	85	85	85
Bauzeit	1974-1983	1974-1990	1983-1990
Stückzahl	Alle Typen bis 3002: 111.950		

Auch das hat es gegeben: Ein Robur LO mit Spurkranzrädern als Baufahrzeug für den Straßenbahnbau.

Typ	Robur LD 3000	Robur LD 2002/2202	Robur LD 3001/3002	Robur LD 3004
Bauart	Frontl.-LKW, -KOM	Frontlenker-LKW	Frontl.-LKW, -KOM	Frontlenker- LKW
Motor				
Typ	4 VD 12,5/10-3 SRL			Deutz KHD F 4L 912 F
Arbeitsweise	luftgekühlter Viertakt-Diesel-Motor			luftgek. Viertakt-Dieselmotor, Direkteinspritzung
Zylinderzahl	4			
Bohrung	100/125	100/125	100/125	102/125
Hubraum (cm³)	3927	3927	3927	4086
Leistung (PS bei U/min)	68/2600	68/2600	68/2600	73/2500
Drehmoment (mkg bei U/min)	22/1800	22/1800	22/1800	24/1550
Kraftübertragung				
Antrieb	Hinterachse oder Allrad (A-Modelle)			
Kupplung	Einscheiben-Trockenkupplung			
Getriebe	teilsynchronisiertes Fünfgang-Getriebe			
Fahrwerk				
Rahmen	U-Profil			
Achsen vorn/hinten	Starrachse vorn u. hinten			
Federung vorn/hinten	Blattfedern vorn u. hinten			
Dämpfung vorn/hinten	Teleskopstoßdämpfer vorn u. hinten			
Bereifung vorn/hinten	6.50-20 (hinten doppelt)	6.50-20	6.50-20 (hinten doppelt)	8R 17,5 od. 7.00 R 16
Allgemeine Daten				
Länge/Breite/Höhe (mm)	Pritsche 6075/2404/2490; KOM 6800/2404/2800	5400/2404/2550	Pritsche 6075/2404/2490 (LD 3002: 2440); KOM 6800/2404/2800	6075/2404/2440
Radstand (mm)	3025 (KOM 3270)			
Leermasse (kg)	2825	3225	2825 (LD 3002: 2750)	2810
Nutzmasse (kg)	2975	2275	2975 (LD 3002: 3050)	2990
V max. (km/h)	80	80	8085	
Bauzeit	1981-1983	1981-1990	1983-1990	1990-1991
Stückzahl	Alle Typen bis 3002: 111.950			300

Letzte Ausfahrt Schrottplatz: Einer der seltenen LO 3000 KF Abschleppwagen mit einem Trabant auf der Ladefläche, der ebenfalls seine letzte Dienstfahrt hinter sich hat.

Foto: Ralf Weinreich